分类思考法

解决问题的特效药

（日）铃木进介 /著

萧云菁 /译

民主与建设出版社

·北京·

图书在版编目（CIP）数据

分类思考法 / (日) 铃木进介著 ; 萧云菁译. -- 北京 : 民主与建设出版社, 2020.2
ISBN 978-7-5139-2835-9

Ⅰ. ①分… Ⅱ. ①铃… ②萧… Ⅲ. ①思维方法—通俗读物 Ⅳ. ①B804-49

中国版本图书馆CIP数据核字（2019）第251440号
书名原文：問題解決のためのセパレート思考
Original Japanese title:MONDAI KAIKETSU NO TAMENO SEPARATE SHIKOU

分类思考法
FENLEISIKAOFA

出 版 人　李声笑
著　　者　(日)铃木进介
译　　者　萧云菁
责任编辑　程　旭
封面设计　蔡小波
出版发行　民主与建设出版社有限责任公司
电　　话　（010）59417747　59419778
社　　址　北京市海淀区西三环中路10号望海楼E座7层
邮　　编　100142
印　　刷　北京彩虹伟业印刷有限公司
版　　次　2020年2月第1版
印　　次　2020年2月第1次印刷
开　　本　880毫米×1280毫米　1/32
印　　张　7
字　　数　125千字
书　　号　ISBN 978-7-5139-2835-9
定　　价　49.80元

前 言

将问题单纯化以做出正确决断并采取行动的优点

将复杂化的问题单纯化

“该做的事太多，不知道从何下手才好。”

“迟迟锁定不了选项，很犹豫不知哪些选项该留、哪些选项该删。”

“忍不住会想太多，迟迟无法采取行动。”

“明明很拼命，但就是没有结果……”

“灵感枯竭，想不出好点子来。”

你是否也有过这样的烦恼？

其实这些烦恼都有一个共通点。

那就是脑袋里的思绪很紊乱。

由于脑袋里的思绪很紊乱，没有经过整理，才会出现这类的烦恼。

谷歌共同创办人谢尔盖·布林（Sergey Brin），曾说过这样的名言："成功来自单纯。"

由于挡在眼前的问题被复杂化，导致脑袋里也出现等比例的紊乱情形，因此无法看出事情与问题的本质，所以无法给予主次轻重，也无法做出正确决断，当然就无法采取行动。

要如何将问题单纯化，以利做出正确决断进而采取行动呢？

要达到这个目的，必须先将问题和脑袋里的想法做一番整理，以利单纯化。

整理时有一个方法可以协助你得到最优效果，那就是本书的主题——分类思考法。

分类能帮助我们看见问题的本质

分类思考法，一言以蔽之，就是"将问题做分类的思考法"。

我们所面对的问题，往往夹杂了信息、环境、时间、思考模式、人等各种要素在内。

只要厘清这些要素，就能看见问题的本质，自然也能做出正确决断并采取行动。具体过程大致如下：

混乱思绪

↓

选项&信息的分类（分类思考法）

↓

看出事情的本质

↓

正确的决断与行动

↓

解决问题

“只要整理思考，有9成问题都能得到解决。”

这是我花15年时间，以“整理思考”为切入点，从事企业管理咨询、员工进修等人才培育工作后，亲身体验来的结果。

在这15年间，累计有超过100家公司、数万人协助我验证了这个理论。

虽然我的职位写着企业管理咨询顾问，但我的工作其实就是“提供整理思考时的提示”而已，我既不会拟定高深的战略方案，也不会提供厚重的报告书。

许多企业因此提升业绩，而烦恼不断的个人也踏出全新的一步，各个领域里都有人得到成功，而且几乎都不需我直接伸出援手，他们最后都能靠自己的力量解决问题。

作为引导大家解决问题契机的整理思考方法，我教给大家的就是分类思考法。

只要好好利用这种分类思考法，就能选择或舍弃脑袋里不断增加的多余选项，进而找到解决问题所需的决断和行动。

当我们想解决问题时，往往容易将问题想得很复杂。

“事情要是不顺利该怎么办？……”

“虽然想了解很多解决的方法，但不知道该从何下手才好？……”

即使脑袋里明知“将事情单纯化才能集中力量，进而提高解决问题的速度”，但就是会忍不住想得很复杂。

这时采用分类思考法，就能发挥很大作用。

而且这种方法所适用的问题，不只是公司和团队等组织性问题，还包含个人问题，应用范围非常广。

让创造力增强的优点

分类思考法不但能引导我们做出正确决断与行动，还能帮助我们增强刺激灵感的创造力。

众所周知，随着技术的发展，今后世界会走向不论问题有多复杂，也大都能由人工智能帮忙解决的时代。依据日本信息处理学会的见解，2045年将是一个临界点，届时人工智能将超越人类智能的总和。

不难想象，到时候会有许多工作，将由人工智能取代实质人力。

那么届时你的价值，是否也会被以机器人为首的人工智能取代呢?

其实不必担心，只要换个角度来思考，就能明白根本不会有任何问题。

因为人类在动物界里拥有最强的创造力，只要随时以创造性思维来创造新的价值，人工智能就无法取代你的价值。

但是，如果脑袋总是处在紊乱状态，就没有多余的空间可以容纳创造性思维，唯独这一点必须多加注意。

身处在看不到未来也找不到答案的时代里，创造力的高低将成为成功与否的关键，所以一定要先清空脑子里的垃圾，单纯化来思考问题，才能彻底激发出你内在的创造性。

只靠逻辑思考无法找到答案，在复杂问题蔓延的时代里，只能靠自己的力量创造出答案来。

必须理解创造力胜过知识与技术，而能提高创造力的“思考单纯化（整理）”才是关键。

要生存在如此艰辛的时代里，成为聪明人的条件早已因时代而变化，这个时代需要的是“能创造出成果的聪明人”，也就是“懂得整理思考，随时打开创造性开关”的人，要达到这个目的，就不能缺少分类思考法。

思考单纯化能让工作效率极大化

本书将彻底介绍由我总结出的体系化的分类思考法。

简单一句分类，会因问题与课题的不同而有各种不同的分类法。本书将针对不同的问题与课题，浅显易懂地说明具体的分类法。

第1章：将解说分类思考法的概要与基本方法以及实际效果。

第2章：作为思考篇，将详细解说如何将目标、梦想、成果、灵感等肉眼不易看见的东西，以及脑袋里和内心紊乱的思绪做分类，进而找到解决问题的契机。

第3章：作为行动篇，将提供促使采取具体行动所需的分类技巧，对明明很有创意、却迟迟无法采取行动的人来说，将会有相当大的帮助。

第4章：将彻底解说泛滥信息的分类法，尤其在当今网络发达的社会里，我们周遭随时充斥着各种信息，最大优点当然是能取得许多信息，但也往往因为信息过多而迷惑，反而阻碍我们的决断与行动。要如何分类并活用这些信息，将以具体方法加以说明。

第5章：将解说能带来成果的分类技巧。即使面对相同条件、相同信息、相同环境，有些人能创造成果，有些人则不然，两者的差异就在于分类法与分类后的执行方法不同，因此作为分类思考法的商业篇，将详细解说这部分的差异。

“希望在发生问题时，你不会因为惊慌而脑子里一片混乱。”

“希望你不会因为无法锁定选项而苦恼不已。”

“谁都能简单地立即实践。”

本书将以此为理念来说明具体内容。

整理脑袋里的紊乱思绪是将问题单纯化的基本功，本书将利用分类技巧来说明这种整理法。

这也是能让我们瞬间整理思考的魔法技巧。

虽然本书主要是以企业人士为对象所写，但不论是有升学烦恼的学生、辛苦的主妇或是想结婚的人，都能从中受益。相信本书的内容不论年龄或职业，一定都能派上用场。

身处复杂的时代，能学到并活用单纯的思考法，对任何人来说，都是强大的武器，同时也是很普遍的方法。

只要思考能单纯化，就能提升工作质量，也能提升人生的质量。

本书若能协助你解决问题，就是身为作者的我，最大的荣幸了！

目 录

第4章 瞬间整理清楚的信息分类法——信息篇

1 提速阅读整理术

——【要点、实践】

2 立体式整理法

——【鸟眼、虫眼、鱼眼】

第5章 联结结果的分类思考法——商业篇

1 三种分类思考法
——【谁、什么、如何】

2 优衣库品质变好了
——【产品、价格、通路、宣传】

第1章

什么是分类思考法

概论篇

1 | 分类思考法

只需大致分类就行

分类思考法是将脑子里的所有选项分类为“有价值的东西”和“没有价值的东西”，以帮助我们做出适当决断的思考法。

简单地说，就是头脑里的整理法。

就像到了换季时，会将衣服分类为要穿的衣服与不穿的衣服一样，一边将脑袋里的思考做分类，一边整理思绪的方法。

整理思绪能让人专注在该专注的事情上，进而使这个人或公司所拥有的价值发挥到极限。

我以前有一位客户是人才中介公司的社长，随时都在搜集信息并思考新的战略，是一位从早到晚头脑一刻不得闲的人，而且他经常看书，也会参加读书会，努力参考各智囊的意见，再应用在自己的战略上。

但这样的他，始终有一个烦恼。

他虽然能想出许多选项，但每次要做判断时，却迟迟做不了决定。

因为他脑子里交杂着各种信息与A计划、B计划，完全没有办法收尾。据他表示，只要一开始思考，他就觉得每个想法都是对的。

于是，我提出如此建议：

“请你先做笔记看看约略的内容就行了，例如：‘能立刻办到的事’和‘无法立刻办到的事’或‘会花成本的事’和‘不花成本的事’，等等，只要这样分类选项就能解决问题！”

此时的重点，在于一边写在纸上，一边整理思绪。

通常愈是聪明的人，愈容易过度相信自己的头脑，总想在脑海里找出答案。

这位社长立刻听从了我的建议，买了小型笔记本放在西装内侧口袋里随身携带，开始每天将自己的想法整理在笔记本上。

后来他告诉我，他已经养成暂时停下脚步来整理思考的习惯，做出适当判断的速度也提高为先前的2倍，公司业绩也在3年内提升了2.5倍，着实令人开心。

问题发生时的第一步

这个故事告诉我们，整理思考的重要性。

我们每天都生活在庞大信息的环境里，每天也会思考许多事情，根据某项研究结果显示，人们一天针对的事情会思考约6万次。

虽然信息与思考有助于我们完成工作，但若对它们放任不管，没有适当的整理，它们就会变成引发头脑混乱的麻烦制造者，因为“有价值的东西”和“没有价值的东西”混在一起，会让我们的判断力变差。

不知道你有没有过这种经历，为了解决某个问题，想方设法找来各种解决问题所需的信息，还经过一番深思熟虑，结果脑子里反而一片混乱？

当各种选项夹杂在一起时，要一一解开并不容易。

这时你会怎么做？

“先睡再说，以后再来想”，或“只能茫然地站在原地，不知所措”，或“找人商量”，大概会如此设法打破困境吧？

其实此时值得推荐的方法，就是先将头脑里的选项分成“有价值的东西（现在就能用的东西）”和“没有价值的东西（现在无法用的东西）”。

当太多选项混在一起时，会让我们搞不清楚应该从哪里着手才好。

但是，只要像这样分成两类，就能瞬间看出“目前应该集中力量在哪里”“本质是什么”，不但能提高决断的速度，也能加快处理问题的速度。

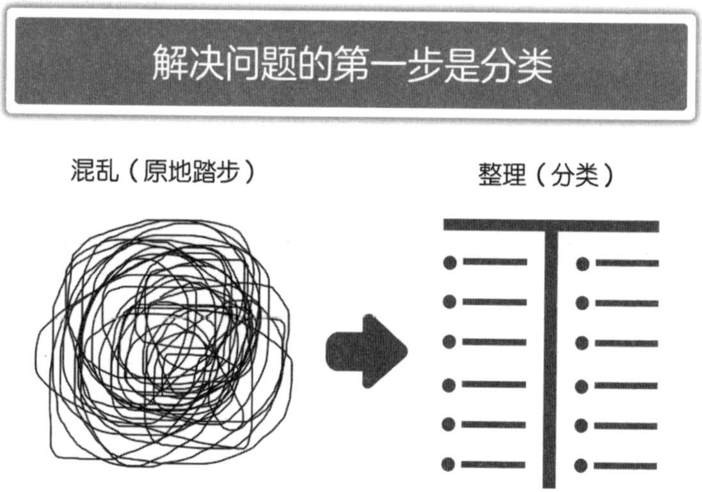

不必逻辑思考

尤其是身为企业管理阶层的人，绝不能因为发生复杂问题就脑中一片混乱，甚至因此停下脚步。

即使想到许多解决对策，若无法整理清楚并做出适当的判断，就无法打破现况。

身处复杂化时代里的管理阶层，必须要确实厘清事情并掌握方向，若自己不懂得整理现况还想领导别人，只会让跟从的人也一起陷入混乱。

通常我们对管理阶层的印象，是会述说远大的未来愿景并拥有高超技术，有能力引领人们向前走的热枕的人。但是，身在今日这种看不见未来的复杂时代里，除了这种常见的管理阶层特质外，还必须拥有整理的能力，否则恐怕很难带领人们或公司继续向前走。

这种情形不仅仅限于企业管理阶层，就主导自己人生的立场来说，主妇和学生也是一样。整理思考来解决问题，不论领导人还是主妇和学生，都是为了在这个严峻的时代里生存下去，所必备的技术。

苹果创始人史蒂夫·乔布斯，生前曾说过这样一段话：

“单纯有时比复杂更难做到，因为你必须非常努力地整理思考才行，但这绝对是值得的，因为只要能做到这一点，连山都能移动。”

此刻之前的你，或许只是在下意识里等待，等待自己的头脑里出现能解决问题的答案。

但是，今后请你务必拥有好好整理自己的思考的强大意识。

虽然说是整理思考，但并不需要艰深的逻辑思考，也不必靠气势，只要轻松地先将事情大致做个分类就行了！

2 思考代谢不良

明明很聪明却交不出成果的人

这是我针对某大公司经理级人员进行演讲时所发生的事。

演讲结束后有人来找我咨询，内容是“10名同仁为了开创新事业非常努力，却没办法汇总出企划案来”。

听说负责的同仁都很聪明，对信息也很敏感，甚至也提出了很有意思的企划案，但也因为所有企划案和战略的选项都很棒，反而让他们迟迟无法锁定。

我看了一下，发现所有企划案的质量都很高，不愧是接受过许多学习而来的人所想的内容，但因为无法选出最佳的选项，导致最后整理出来的企划案，变成所有成员公认的最没趣的内容。

于是，我问他们：

“各位现在要实现的目标，是为了开创一个能为公司带来下一个新收益来源的事业对吧？但各位会不会花太多时间在思考与调查上，却忽略了整理的重要性？”

结果一位年近40、负责带领小组的同仁和我四目相交时，瞬间露出“被你发现了”的表情，还苦笑着低下头来。

通常越是优秀的人，越常陷入头脑混乱的胶着状态，因为比起整理思绪来，这样的人更擅长思考与调查，而且很享受满足自我求知欲时的那种快感。

但这样并不会带来任何成果。

如果只顾着“得思考那件事……也得调查这件事……”，就算有再多的时间也不够用。

没有成果的思考，就和光有多余信息及知识的“代谢不良状态”一样。而思考的代谢不良，如同只会阻碍创造新收益来源的癌症一样。

要小心“三不症候群”

我每次以改善业务为主题，针对中小企业老板进行演讲时，一开头一定都会问大家一个问题：

“下列7种类型中，你属于哪一种类型？”

请你也做做看。

□①每天都花过多时间在列 To Do List（待办清单）。

□②很在乎道理与合理性。

□③完美主义者，没有做好100%准备，就不会采取行动。

□④过于执着自己的做法与主张。

□⑤总是太在意他人的眼光。

□⑥每次上网搜寻都花太多时间。

□⑦不擅长简洁叙述事情。

这是一份为确认自己是否陷入思考代谢不良状态而导致业务效率变差的自我确认表。

你有几项符合呢？

思考的代谢不良（此处是指思考过度、信息过多），会造成业务效率变差，一定要注意。

不论负责业务还是负责总务，思考若没有整理，就会产生不切实际、不一致、不符效益的结果，我将这种情形称为思考代谢不良所引发的“三不症候群”。

“三不症候群”会降低业务效率，进而增加成本。换句话说，思考的代谢不良很容易成为增加成本的重要隐性因素，绝对有必要好好整理。

3 思考要有成果

世界最尖端的企业采用减法

今日成为美国硅谷代表性企业的谷歌和英特尔，在对员工进行的研修课程里加入冥想，据说很受欢迎。

尤其是谷歌，截至目前已有超过1000人研修，据说还有400多人排队等着上这门研修课。据闻脸书与推特的创办人，同样习惯利用冥想来清空自己的头脑。

如何去除杂念与头脑里的垃圾，灌注精神在某件有成果的事上?

这种情形被称为“正念”（Mindfulness），近来甚至在美国被《TIME》杂志做成专题报道，受到瞩目。

这也显示我们确实是活在复杂的时代环境里，并深受思考代谢不良的毒害。

2014年，动画电影《冰雪奇缘》在全世界大卖，主题曲里的那句“Let It Go”引起许多人共鸣，歌词内容宛如要人舍去杂念与过度思考的垃圾，然后活出自己，是一首深深触动人们潜在需求的歌。

从这一连串的过程来看，大家都到了重新认识整理思考重要性的时刻。

我将这种舍去思考垃圾的作业称为“思考的减法”。2015年可以算是“思考的减法元年”。

分类后采用减法

本书的主题“分类思考法”能实现这种思考的减法。

人们找我咨询的内容相当广泛，从换工作到经营战略。

其中也有不少关于未来的烦恼，例如，“不清楚自己未来想做的事”“不知道未来该开创什么样的事业”，等等。

所谓的未来，当然是还没有体验过的将来，所以不论如何思考，也很难找到答案，导致大家往往思考过度，最后仍在原地踏步。

此时不妨换个方式，刻意用减法来思考看看。

例如，我曾经想过“扩大事业版图，开创一家上市公司”，但实际上我只是每天纠结于真要实际扩大事业版图当个企业家吗？还是成为提供人们咨询服务的专家与进修活动讲师？每天都过得很挣扎。在我陷入僵局的时候，我将自己的想法分类成“作为企业家生存下去”与“作为讲师生存下去”，并反复深思熟虑。

对我来说，哪一个选择会让我觉得违和？

哪一个选择其实是我为了符合他人的期待，才浮现出来的想法？

我开始用这种消去法进行思考。

后来在自问自答下，我发现自己其实想当一个协助企业家的专家，而不是当一个企业家。

就这样，我找到了自己想要的生存之道，并对未来有了心理准备。

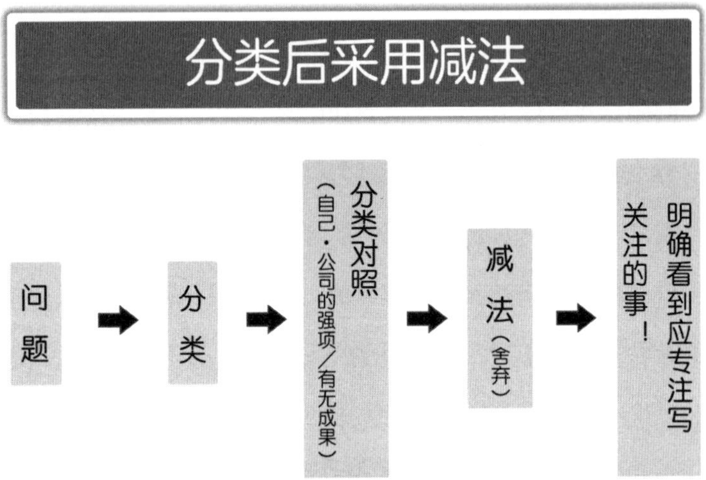

没有成果的选项不必迷恋，一定要舍弃

在营销方面也是一样，我要做判断时同样采用了减法思考。原本我是以打电话和寄送DM等方式为主，属于主动出击的推销方式。

但是，这种方式让我迟迟交不出成果，有4年时间月薪不到15万日元，进入吃不饱的寒冬时代。

于是我试着将营销方式分类成主动出击的推销方式，以及发送信息让有兴趣的人主动打电话来询问的拉销方式。

其实我是一个胆小的人，并不擅长强力营销自己的推销方式，事实上也几乎都没有成果。

浅显易懂地整理好信息后传送出去才是我的强项。

我将分类结果列成一览表重新思考后，脑子里主动减去了推销方式的选项，所有精神全专注在拉销方式上，才让我公司的业绩因此逐渐迎向春天。

没有成果的选项用消去法减掉后舍弃，是非常重要的，这也是我亲身体验来的结果。

分类后采用减法，而采用减法时的绝对基准，就是能不能有成果。

4|提速三步法

无法锁定选项的理由

前面提到过，要摆脱一直以来思考的代谢不良状态，采用减法是关键。话虽这么说，要摆脱思考的代谢不良状态毕竟不容易。

因为通常人们在头脑里陷入一片混乱的状态时，根本不知道该从何着手。

“要整理清楚头脑里的思绪……嗯，要怎么采用减法才好？……”

你是否也有过如此喃喃自语，导致思考停止的经历？

我就曾体验过无数次，尤其是在思考事业战略时。一般认为战略要越单纯，才越能专注执行。

偏偏脑子里很清楚这个道理，但就是迟迟做不到。

这是因为我们都想一步登天，瞬间锁定选项的缘故。

锁定选项前的运作机制

要锁定选项，就必须先了解锁定选项前的整体运作机制。

假设在中午之前，你就已经饥肠辘辘，所以当你在想今天午餐要吃什么时，脑子里浮现出煎饺与汉堡以及荞麦面，而公司附近正好都有卖这些东西的知名店家，又好吃又便宜，让你非常犹豫。

这个时候你会如何进行思考，以锁定其中一家店呢?

例如，若吃煎饺，可能会有口臭，影响下午和客户的谈话，所以决定选吃不会造成口臭的食物。或者今天因为还有点宿醉，所以想吃比较清爽的食物。这些都是你在下意识里依据当时的状况，采用减法所做的思考方式。

更进一步地说，在采用这些减法思考之前，你就已经在脑海里下意识地做出“有口臭风险的食物”与“没有口臭风险的食物”以及“分量多又油腻的食物”与“分量少又清爽的食物”的分类。

由此可见，我们平常连选择店家，都不是瞬间锁定选项，而是先进行分类的。

反过来说，当我们脑子里一片混乱时，若没有先做好分类，就无法做出决断。

对工作来说也是一样，有些人会在上班后先列出待办清单。待办清单是将应做的任务列出后，赋予先后处理顺序的备忘，所以有些人会写在纸上，有些人则利用智能型手机来进行管理。

你是如何赋予自己的工作优先级呢？

你会一开始就依业务项目给予优先级吗？

例如，“重要的事”与“较不重要的事”，或“今天应做的事”与“明天之后才做也行的事”，或“自己的工作”与“他人委托的工作”，等等，一般应该会如此分类吧？

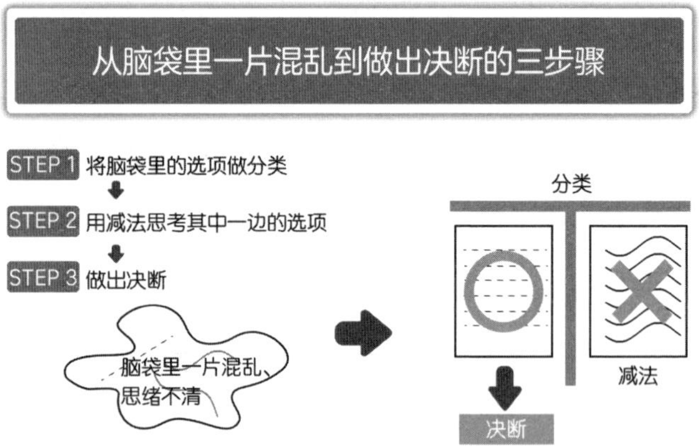

只要做分类，就能提高做出正确决断的速度！

如果没有事先如此分类，就想为工作赋予优先级，应该不容易。换句话说，只要事先做好分类，自然容易为工作赋予优先级，也容易踏出行动的第一步。

锁定选项不需要勇气

有些人因为迟迟无法锁定选项而烦恼，有些人则哀叹自己没有决断力，但这样的人其实头脑并不笨，也不优柔寡断，纯粹是因为没有整理好脑子里的思绪罢了。说得更明白一点，就是没有做好脑子里的分类而已，所以此时就算气势十足地为自己打气，或鼓起勇气来锁定选项，也不可能快速做出决断。

唯有做好分类，才有可能用减法来消去非必要的选项，进而做出决断。

只需做好分类即可，因此只要理解后面章节将详细说明的观点，不论谁都有办法轻易做好分类。思考的分类是任何人都能办到的，也是最初的第一步，而且也拥有最大的震撼力。

制造“第二个脑”来分类

不过要进行脑袋里的分类时，必须以肉眼能看见的方式进行。

因为肉眼看不见脑袋里的状况，即使在脑袋里直接记述分类，也会很快消失。

相比较之下，到快餐店去用餐要丢垃圾时，很容易将垃圾区分为一般垃圾或资源回收垃圾；而到了换季时节，分类要穿与不穿的衣服时，同样一点也不难。

这是因为存在我们眼前的状态都有实物可看，如同要为垃圾做分类般，所以脑袋里的分类也应以肉眼可见的状态来进行（可视化）。

脑子里的可视化可通过纸张写出来，是任何人都能轻易办到的事。只要写在纸上，就能冷静且客观地看见自己脑袋里所想的内容，届时要对哪一边采用减法思考，自然会一目了然。

写出内容的这张纸，等于是第二个脑。

后面将介绍能将脑袋里的分类顺利化为视觉内容的工具。

5 整理思考的工具

为什么整理思考用手写比较好？

将脑袋里的分类写在纸上，从这道手续开始整理思考，是非常重要的。若只在脑子里思考，不论多好的内容都很容易出现后又消失，最后只能在不明就里的情况下原地踏步。

不仅如此，书写的行为在学术研究上还具有刺激脑细胞的作用，能让大脑在处理所有必须处理的东西时，瞬间将注意力转过来，将此事视为优先处理的一环。

或许有人会认为，打字比书写还快，而且字体也比较工整。

但整理思考时，最重要的是专注意识来深思熟虑，因此比起速度与字体工整性来说，手写的方式才能优先专注意识。处理平常的工作时，不妨多利用计算机来提高速度与效率，但若要整理思考，就必须利用纸张来仔细分类。

有效的思考分类工具是A4尺寸的备忘纸

当你要用手写方式记录工作上的信息时，你会使用哪种工具？

笔记本、记事本、备忘录、信纸等，有许多工具能使用。

但在我不断尝试后，我发现A4尺寸的备忘纸最有效。

而且我的备忘纸，还会依状况区分使用两种不同的备忘纸。

若是与日常业务有关的事，要进行脑袋里的分类时，就快速写在影印纸背面（白色无花纹），用来取代备忘录。

另一方面，若是经营战略的重要决断等，或是与自己人生有关的事，就写在活页式的企划报告纸（方眼纸）上。

有不少人会写在笔记本或记事本上，但缺点是要修正时很麻烦。此外，由于写在笔记本上，信息不断累积，有时在思考时，很容易受过往的记述内容影响。

就这一点来说，采用影印纸背面或企划报告纸来写，只要思考分类完并做好整理，就能随时丢掉。或许会觉得有些可惜，但只要整理完毕，就应采取物理上的舍弃行为，才能让思考也跟着进行减法，进而提高决断力。

依据分类内容来区分使用备忘纸也很有效。

①日常业务的分类采用A4影印纸

日常业务的分类，建议使用A4影印纸的背面来写。理由是利用不要的影印纸背面书写时，即使写错也能随心所欲丢掉，而且因为没有任何花纹，能让自己的想象无限延伸，并以纯白的心情快速写出内容。

只要将公司里不要的影印纸放几张在包包里，外出时就能快速为自己的思考做分类。据说新闻记者池上彰，外出时也都会随身携带A4备忘纸。

若公司里没有不要的影印纸，就自己买便宜的再生纸或粗纹纸等纸张来用。

②需深思熟虑的分类采用方眼纸式的企划报告纸

另外，先前提到若是需要深思熟虑来分类时，就采用方眼纸式的企划报告纸。若采用笔记本，因为一般上面都印有横线，思考时很容易被横线限制住。

但以方眼纸来说，因为采用方格状，能在保有一定的规律下自由书写，最适合用来分类深思熟虑的事情时使用。

分类备忘纸的使用方法

纸张采用横放，而且一个主题只使用一张。采用横放时，记述的空间会比较大，能书写较大的字体，有助于扩展想象的空间。

此外，为一一减去多余的选项，一定要一张纸只写一个主题，这一点非常重要。一张纸上若写上多个主题，很容易分散意识，反而让脑袋里一片混乱。

等整理完毕后，基本上应将纸张丢掉，但若遇到无法马上得到结论的情形时，就先暂时保留。此外，视情况而定，必要时也可以先保管起来，以利事后整理灵感或信息时用。

这种时候，非常建议先放进透明档案夹里，所以选择A4纸张当备忘纸，要保管在透明档案夹里时，就会很方便。

不过话说回来，并非一定得区分使用影印纸和企划报告纸不可，说得极端一点，或许从头到尾只要准备A4尺寸的备忘纸就够了。

分类时采用 A4 备忘纸会比笔记本更方便

笔记本	A4 备忘纸
● 写错时要修正，会很在意美观。 ● 容易受过去的记述内容影响。 ● 无法拆下来。	● 写错时丢掉就好。 ● 能专注在眼前的记述内容上。 ● 可放进透明档案夹里保管。

最重要的是，利用备忘纸分类完成后一定要丢掉（采取物理上的减法）。这种用来整理思考的A4尺寸备忘纸，我将它称为分类备忘纸。

用黑色签字笔与蓝色钢笔做区分

至于使用备忘纸时的最佳拍档，应选择哪一种笔比较好呢?

只要写起来很顺畅，就能让脑子里的整理作业从痛苦变成快乐，所以千万别小看笔的选择。

最值得推荐的是黑色签字笔。

因为签字笔写起来会比原子笔和自动铅笔更顺畅。用原子笔或自动铅笔写字时，很像穿着钉鞋在地面上踏步走的感觉，但用签字笔写字时，能像穿着冰刀鞋滑冰一样，写起来快速又顺畅。

而且就我个人的经验来说，用签字笔写字时，那种声音听起来也很舒服。

不过若是经营战略或人生决断等，需要更进一步专注来整理思考主题时，我有时会使用蓝色钢笔来写。因为和平常不一样的笔记工具，能成为转换心情的开关。

再者，根据研究报告显示，蓝色能“孕育创造性”（2009年由英属哥伦比亚大学瑞・朱丽叶・朱博士等人，在国际期刊《科学》上发表色彩研究结果，指出“蓝色能孕育创造性，红色能创造正确性”〈WEB版〉）。

以上是依据我的经验，说明要顺利分类脑袋里的思考时，最适当的工具选择，但不代表非得这么做不可。

除了A4尺寸的备忘纸外，其余工具都能依你自己的方式来选择，务必要找到让你感到最舒适也最有效果的工具。

分类备忘纸的使用方法

● 将 A4 备忘纸横放。

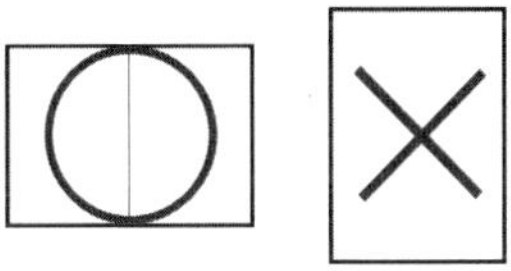

● 1 个主题只能写 1 张

（一次写多个主题只会得到反效果）。

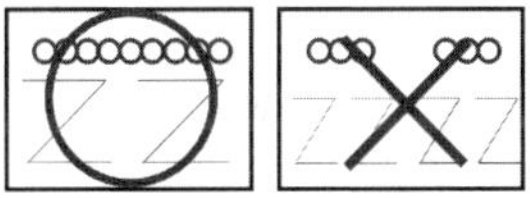

● 分类结束后，就丢掉该分类备忘纸。

● 无法马上得到结论时，

就先保管在透明档案夹里。

● 用黑色签字笔手写内容。

● 若是需要更专注来整理的主题，

就使用蓝色钢笔来写。

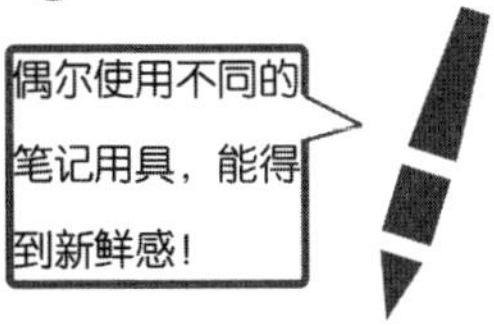

第2章

消除紊乱思绪的技巧

思考篇

1 质与量的分类

——【定量目标、定性目标】

让人想跟随的管理阶层目标设定法

“目标究竟具不具体，虽然看似一件小事，却是一个人成功与否的致命性差异。”

这是优衣库柳井社长所说的话，充分说明目标思考的重要性。

如同我们不会想象装上方向混乱的导航系统出游一样，我们也不想跟随目标不明确的管理阶层。

但实际上有不少管理阶层在设定目标时，脑子里根本没有做整理，只是靠文字与气势独断地向前走。

例如，询问经营者“你的公司有什么目标”时，多数人会回答：“营收比前一年增长150%”“成为业界第一”。

当事者回答得气势十足，表情也显得很得意，只是这样的目标，是否真能深入下属的心里呢？

这两个目标当然都很了不起！

但若进一步询问“营收成长后，想成为什么样的公司呢？”“要成为业界第一，具体来说是以什么为基准的第一呢？”此时就会发现，多数人无法明确回答。

这是因为在经营者的脑袋里，质与量是混在一起的缘故。

导航系统虽然告诉我们到目的地的距离和需要多长时间，但没有为我们导航的话，会是什么情形？

相反，虽然为我们导航，却没有出示距离和所需的时间，一样也很不方便。

不论何时，目标都必须在质与量两方面明确分类并做整理，这是必要的条件。

量的目标称为定量目标，是以透过数据呈现、肉眼能看见的短期目标为主。

另一方面，质的目标称为定性目标，范围较广，是以中长期目标为主。

以棒球为例来说，定量目标是“3年后能到甲子园参赛，平均打击率为0.28”，定性目标是“强化下半身力量、强化攻击力”。

若其中一方有偏差，或质与量不明确，且混在一起的话，下属或学弟学妹们的脑袋里，就很难有明确的想象。

有一派管理阶层常说“细节交给下属处理就好”，但这其实只是在逃避，身为管理阶层，有责任将最终目标详细传达给下属或员工了解。

管理阶层要设定目标时，必须在脑子里先将目标分类为定量与定性，并明确提出这两种目标的内容。

没有整理定性目标与定量目标的公司很危险

某报社的调查结果显示，业绩好的公司，通常都会整理出具体的定量目标与定性目标，而且内容都很明确。换个角度来说，业绩不好的公司，通常只会执着在定量目标上。

其实这不单单只是调查结果，就我个人在过去15年接触过100家以上公司的经验来说，也验证了这个结果。

例如，四五年前我有一位客户是食品公司的社长，从他的话语里，充分表明他是一位定量目标主义者，而且几乎到了盲目追求的程度。

不论早上打招呼时还是开会时，甚至在走廊上与员工交谈时，都会说“离目标值还差300万”等，内容清一色都绕着数字达成与否在转。偶尔没听到有关数字的话时，也会听到他大喊“别忘了满足客户为第一”这类夹杂抽象的目标的话。

果不其然，员工个个觉得困惑，还因此压力大增，最后不断有人离职，挡也挡不住。

之前索尼公司陷入经营重建的困境，截至2015年3月，在10年间就已经出现过6次亏损，总计亏损金额更高达5000亿日元。虽然为裁员定出了定量目标，却没有制定希望公司将来如何发展的定性目标，没有整理好定量与定性目标。

目标要依质与量来分类

定性目标	定量目标
● 范围较广（战略性） ● 不易用数字呈现、肉眼不易看见 ● 中长期目标（3 年以上）	● 范围较窄（战术性） ● 可用数字呈现，也能测定 ● 短期目标（1年左右）

消除质与量的混淆情形，自己和对方都会比较明确。

没有明确定性目标的人很难成功

有不少歌手和艺人会大声地说："我将来一定会很红！"他们的目标看似很远大。其实，这些都表明他们是陶醉在不明确定性目标里的人。

遗憾的是，在这种目标设定下，实际能获得成功的人，大概也只有矢泽永吉这种水平的人。

我以前也曾说过："将来要成为顶尖演说家，在东京巨蛋球场举办个人演讲会！"还将这个空虚的定性目标写在社群网站上。对连1000人的演讲会都没办过的我来说，这些话听起来很不真实，于是我又在社交网站上写："为了在21世纪20年代里实现这个目标，我要在3年内写出销量达10万本的畅销书，从读者1000人的演讲会开始努力！"我重新追加我的定量目标。

结果周遭的人纷纷送来如下的支持与期待：

"作为演讲的练习，要不要参加TED（由学术、娱乐、设计等各领域专家演讲的世界知名演讲会）的东京版？"

"我们家附近有一个演讲厅，只需这样的金额就能租下哦！"

我只是将脑袋里想的目标分类为定量目标与定性目标，并写在纸上，就引发周遭的回响，也让我的目标越来越明确。

目标要从质与量两方面来设定

目标不能只从质或量的其中一方来思考，也不能在不明确的状况下传达给下属，否则一定会引发混乱。

一定要将定量目标与定性目标做分类，并写在纸上做整理，这一点非常重要。

管理阶层在对下属说明目标时，若无法让下属在脑袋里整理思考，就无法对未来产生具体想象。

不仅如此，要说明目标时，还必须注意说明自己目前是在说哪一方面的目标。

要设定自己未来的梦想或目标时也是一样。想让自己积极采取行动，就必须从定量与定性两方面来设定目标。

在此，你也来试着制作分类备忘纸看看。

首先准备好备忘纸，再将备忘纸横放，然后在纸张正中间画一条直线，左边写下你的定性目标，右边写下你的定量目标。

作业　依质与量来分类你的目标设定！

在头脑里进行分类时的提问

Q. 你有什么定性目标？有什么定量目标？

Q. 要明确指出你的目标，该如何说明才好？

Q. 目前应该对哪边采用减法？应专注在哪边？

定性目标	定量目标
□	□
□	□
□	□

2 为何会没有成果

——【目的、手段】

没有成果时的确认重点

明确目标后专注在一件事情上时，我们脑子里往往会开始混杂目的与手段，不久后目的与手段还会颠倒过来。这个时候不论多努力也不会有成果，必须先暂停脚步，好好整理并分类脑子里原本的目的与手段。

有一位30多岁、目前很想结婚的男性友人，表示想和乐团EXILE（放浪兄弟）成员一样拥有明显的肌肉，好让自己受女性欢迎，因此几乎每天都会到健身房报到。他想要的理想体型是六块肌。

当我问他“为什么拥有腹肌会受女性欢迎”时，他似乎领悟了什么，一副很不好意思的样子回答：“我想只要先改善外表，或许能让我产生自信。”

我相信这确实有产生自信的效果。

但若真想交女朋友，在锻炼腹肌之前，应该先设法增加认识女性的机会才对。

以他的情形来说，他已经在不知不觉中，将锻炼腹肌当成目的了。

若目的是要结婚，除了锻炼外表外，应该还有其他手段，例如“加入婚友社”“储存结婚基金”“举办单身者餐会”，等等。

虽然这是比较极端的例子，但绝不是听完笑笑就完了，因为类似的情形会经常出现在我们的日常生活里。

原本是为了健康才开始跑马拉松，曾几何时目标变成跑出好成绩，还因此严格训练，最后反而弄坏了身体。创业没多久就开始不断忙着找资金来周转，调度资金俨然变成创业目的，导致根本无力生产有魅力的产品……类似的例子举也举不完。

原本的目的是什么？

为达成该目的的手段又是什么？

越是没有成果时，越该停下脚步来冷静思考，好好分类及整理目的与手段，同时将内容写下来。

将目的与手段做分类就能成功改革公司文化

曾有一家专门帮人研发软件的新兴企业社长来拜托我，设法提高员工的工作动力。

仔细询问之下，这位社长表示："为提高员工的工作动力，公司每年都会举办员工海外旅游，但不知为何就是没有效果。"他还表示很想知道员工目前的想法，所以要我帮忙调查员工的职场满意度。

在调查之前，我先给了这位社长纸和笔，请他将目的与手段一边分类，一边写出来。

结果这位社长立刻察觉到一件事，还很难为情地告诉我，原本是为了提高员工的工作动力，才开始举办员工海外旅游，没想到后来员工海外旅游变成了目的。

当他将目的与手段分完类后，发现其实只要增加聚餐的次数就够了，尤其是烤肉大会或由干部们自备料理的聚餐方式，都是很不错的点子。

这种方式不但让所有员工都参与，还会有效激发公司内部活力，提升全体员工的工作动力。

想要有成果就用目的与手段来分类

目的	手段
● 找到理想的结婚对象 ● 推出魅力产品来提高营收 ● 开拓新客户	● 增加认识异性的机会，琢磨自己的内在、外在等 ● 调度资金、研发、变更设计等 ● 制作传单、提高待客能力等

目的与手段颠倒会引发另一个问题

目的与手段颠倒时，还很容易引发客户的抱怨，也是应特别注意的地方。

我曾去拜访一位在关西经营中介公司、拥有约10家分店的客户时，碰到过这样的事。

当时店内有好几名员工在办公，每次只要自动门一打开，就会很有精神地一齐大喊："欢迎光临！"那时我正在一旁想静静观察他们服务客户的样子。

结果我发现迟迟没有员工走到客户正坐着等待的柜台前提供服务，每个人只是坐在后面的办公桌前做自己的工作。

尽管客户已经坐在柜台前，很明显是在等着员工出来提供咨询服务。

过了约3分钟后，客户终于生气了："今天我是特地抽空赶过来的，这就是你们的服务态度吗？"

大阪欧巴桑特有的气势十足的骂声，让店内顿时寂静无声。

那时才进公司第3年、应该要负责提供服务的员工，当时正在用计算机设计促销用的传单。或许他曾在心中想着"只剩一点点，等我把工作做完马上过去……"，内心天人交战了一下吧？

他的目的是要开拓新客户，但明明眼前有一个大好机会让他达成目的，他的意识却过度拘泥于制作传单这个手段，才会引发客户的不满。新客户一旦跑了，基本上就不可能再回来。

如果正在阅读本书的你是一位管理阶层，或许不会有这种情形发生，但平常一定要指导下属做好整理，明白目的与手段的差异。

那么你也来制作分类备忘纸看看吧！

首先准备好备忘纸，再将备忘纸横放，然后在纸张正中间画一条直线，左边写下你真正想实现的目的，右边写下为实现目的所需的几个手段。

诀窍在于诚实地自问自答你的目的是什么（"是为了谁？为

了什么？”），再思考10个实现这个目的的手段。只想一个很容易遇到瓶颈，所以要多想几个。

作业 没有成果时，就将目的、手段做分类！

在头脑里进行分类时的提问

Q. 你眼前正在处理的事情，真正的目的是什么？

有什么手段可以实现这个目的？

Q. 目前的状况，是否有目的与手段颠倒的情形？

Q. 目前应该对哪边采用减法？应专注在哪边？

目的	手段
□	・ ・ ・ ・ ・ ・
□	・ ・ ・ ・ ・ ・
□	・ ・ ・ ・ ・ ・

3|优先抽象思考

——【抽象、具体】

灵感枯竭时的秘策

“面对任何事情，没有具体思考就无法前进。”

有时思考会被这句话绊住，导致无法有更进一步的思考。

这是我参加某印刷业客户公司开会时发生的事。这家公司的社长平常就很不喜欢抽象的话，因此让业务员“想出提高营收的具体方法”。当时虽然有人提出要加强对新客户的营销，但内容还是如往常一样，并没有新的点子，例如，增加拜访客户的次数、更新公司网页的内容等。

尽管提出的方法都很具体，但都是以往就尝试过无数次的方法，显然他们的灵感已经枯竭了。

于是我问他们：

“提高营收的方法，只有加强营销这个方法吗？”“应该说提供客户什么样的价值，才能被客户接受呢？”

接着我请他们将以往的具体营销方法和提高营收的抽象内容分开来思考，并写在白板上。

讨厌抽象论的社长，虽然瞬间显得不怎么高兴，但接着似乎立刻察觉到了什么，于是说了下列一番话：

“我原以为我们公司的价值就只在于印刷，但仔细想想，客户其实是希望透过我们印刷的传单来提高营收。所以，除了印刷外，如果能再设立一个窗口，专门协助客户解决有关营销策略、市场调查、人才派遣等问题的话，是不是更能突显我们公司的价值？”

这位社长因为注意到了除印刷业之外，还存在有促进营销的支持事业这项新价值，才会做出决断，认为提供新服务远胜过原有的加强营销法。

因为他们以这项新服务为突破点，最后果然成功提高了新客户数与营收。

当时如果他们针对营销战术，只是继续思考具体对策的话，或许就不会出现全新的选项。但因为他们将具体论和抽象论分开来讨论，才有办法找到新选项，最后做出有效的决断。

只考虑具体论会限制思考

企业通常都很讨厌以抽象论来议论事情，因为“具体 = 浅显易懂”和“抽象 = 不容易懂”的成对既有观念，早已深植在人们的脑海里。

其实这是非常短视的看法。

因为人类用头脑思考，这个行为本身其实都以某种方式“往返在具体与抽象之间”。不可否认，若只说抽象的话，确实很难清楚看见答案。如果不将浮在脑海里的想象画面给具体化，就很难断定说话内容是对是错。但是，如同这家印刷公司的案例一样，若只懂得思考具体对策，就有可能限制思考的范围，这同样是一大风险。

不过话说回来，我并非主张随时采取抽象论是对的，最重要的是要明白我们脑子里总是“往返在具体与抽象之间”，所以下次灵感再枯竭时，一定要记得转换其中一边的意识，这才是最重要的因素。

往返在具体与抽象之间思考

抽象	具体
● 能提供客户什么样的价值？	● 有什么营销与广告方法？ ● 研发促进营销的支持服务。

具体枯竭时就想想抽象，抽象遇到瓶颈时就想想具体。
唯有往返在具体与抽象之间，才能找到解决对策与灵感。

将抽象内容具体化的三大技巧

在我的客户公司里，最常听到“要加强对中小企业族群开拓新客户”“要锁定银发族市场”等对话。

但是，只有这样的对话内容，很难采取下一步具体行动。

中小企业是指多大规模的公司？听到这个专有名词时，脑子里浮现的是什么样的公司？还有银发族是指谁？60岁以上的人，还是70岁以上的人？若不针对这些内容具体思考，事情就无法往前推进。

将抽象化为具体的数字、时间轴、专有名词

抽象		具体
● 提高营收	数字 →	● 比前一年增加30%
● 尽快着手	时间轴 →	● ×月×日前完成
● 适合银发族	专有名词 →	● 适合吉永小百合女士这样的人

要将这些抽象内容化为具体，有3个重要的因素：

第一个是数字。别只说要提高营收，应该代换成实际的数字。例如，比前一年增加30%，这样才有更实际的感觉。

第二个是时间轴。别只说尽快着手，应该明确定出开始的地点与期限。例如，“24小时内完成”或“×月×日前完成”。

第三个是专有名词。别只说是适合银发族，应该要用具体例子说明。例如，“适合吉永小百合女士这样的人”，才能让想象具体化。

抽象观点与具体观点的分类基准

抽象观点		具体观点
● 肉眼看不见	⟺	● 肉眼看得见
● 乍看之下背离实际状态	⟺	● 直接连结实际状态
● 思考的宽广度	⟺	● 思考的深度
● 解读的自由度较高	⟺	● 解读的自由度较低
● 能广泛应用	⟺	● 无法广泛应用

具体与抽象的往返能解除枯竭感

想不出好的点子来解决问题时，就是进行分类的最佳时机。此时一定要暂停脚步，先用抽象化与具体化两方面来整理一下脑子里的思绪。

这部分和前述的目的与手段有关，尤其是灵感枯竭时，转换目前所想到的观点是非常重要的。

在此列出各自的特征差异基准，要进行抽象与具体的分类时，不妨参考看看。

最重要的是，当灵感枯竭时，一定要为脑子里的想法做分类，转换观点，思考目前哪一边的想法才能打破现况。容我重申一遍，将脑子里的思考做分类时，不能只在脑海里进行，一定要写在纸上。

只要将抽象内容与具体内容做分类，就能看到全新的选项。建议的方式是当具体思考遇到瓶颈时，就改用抽象思考；若抽象思考迟迟无法前进时，就改用具体思考。

你也来制作分类备忘纸看看吧！

首先准备好备忘纸，再将备忘纸横放，然后在纸张正中间画一条直线，左边写下让你陷入瓶颈的问题的方向性与构成或理念，右边写下具体可见的状态（采用能立刻付诸行动的表现方式）。

诀窍在于将抽象的内容化为具体。若缺乏具体选项，就回到抽象方式重新思考新的具体对策。必须如此一边往返在具体与抽象之间，一边整理解决问题的突破对策。

作业 为找出解决问题的对策，将抽象与具体做分类

在头脑里进行分类时的提问

Q. 你对眼前处理的事情有什么整体看法与方向性？

Q. 你打算如何具体执行？

Q. 抽象思考后，是否有什么新的具体对策？

Q. 目前应该对哪边采用减法？应专注在哪边？

抽象内容	具体内容
□	□
□	□
□	□

4 思考不要原地踏步

——【原因、解决对策】

有效解决对策的必要条件

灵感首先要尽量想到极限，才能看见所有可能性，但只要存在任何问题或纠纷，就绝不能莽撞，否则反而危险。

因为只要没有找出原因所在，即使想出解决的对策，也有偏离的风险。除此之外，还会在尝试错误的过程中发现“不是这样，也不是那样”，导致最后在原地踏步。

隶属意大利职业足球队AC米兰的本田圭佑选手，在2014年加入该球队时，因为迟迟无法射门得分，陷入空前的低潮，也因为没有亮眼的成绩，被球迷与当地媒体大发嘘声。

但是，他在来年从开幕战起就不断射门得分，终于恢复他原有的实力。他究竟发生了什么事?

其实既不是因为有强韧的毅力，也不是因为有得天独厚的才能，更不是因为运气让他缔造佳绩，而是某个独特的思考法，让他恢复原有的实力。

一流选手走出低潮的思考法

不论多一流的选手，都会有陷入低潮的时候。通常这个时候大家都会想增加2倍练习量、更加努力训练，因为没有结果，认为得加倍努力才行。

正因为觉得总有办法解决问题，所以会思考各种可能的对策。

乍看之下，这是很正确的想法，但其实只是在否定以往的自己，更容易因此导致自己在原地踏步。

就这一点来说，以本田选手为首的一流选手，思考法就是不同。

既然没有结果，就找出真正的原因，再依据这个原因思考对策，最后付诸实行就行了。他思考的只有这件事。

没有结果就表示存在某个原因，所以要先找出这个特定原因，再决定解决对策，最后逐步实行即可。一流选手将这种因果循环的思考方式视为理所当然。简单地说，一流与二流之间的差异，并不在于才能与努力，而在于思考法的不同（参考数据：《一流的逆境力》远藤友则著、日本SB Creative出版）。

学校不教的问题解决法

老是存不够钱、夫妻关系越来越差、新产品卖不出去，不论公私，我们每天都会遇到各式各样的问题。

通常这种时候会让我们变得焦虑，而且虽然很想努力，却总是找不对方法，最后只能徒劳无功。

这是因为我们所生活的环境，不论学校还是公司，都只教我们解决的方法，却很少教我们养成确实找出原因的习惯。

即使躁进地思考解决对策，只要没有找出真正的原因，就不可能找到真正的解决对策。

若没有找到真正的原因，还妄想思考出有效的解决对策，那就只有在讲究机率的赌博界里了。

发生问题时，最重要的并不是单纯找到解决对策，而是同时设定探究原因和解决对策。

先将探究原因和解决对策做分类，再同时思考因果关系与解决对策，才是消除原地踏步的诀窍。

探究改变人生的原因

20多岁开始从事提供咨询服务的我，说来很难为情，有4年时间几乎养不活自己，尽管那时我已经结婚，收入却比大学刚毕业的人还低，连带让家人跟着受苦。

当时我用尽各种方式营销自己，包含寄送DM、打电话营销、在异业交流会上猛发名片，但还是无法成功得到工作。

“一定是因为我知名度还不够！”

我心里这么想，于是将刊登在介绍同业的杂志上的广告增加2倍。

尽管我投入那么多广告经费，工作还是没有任何起色。

“会不会问题不是出在知名度，而是出在我的技术还不够？好吧！我就再多学习一些！”

于是，我开始大量阅读专业图书。

即使我这么努力，好不容易取得机会去向客户营销，最后还是没能成功得到工作。

就这样，眼前的资金短缺开始在我的脑海里萦绕不去。

现在回想起来，其实很理所当然，因为我根本没有针对“为什么得不到工作”找出真正的原因，以为只要一想到什么解决对策，凭着努力就能渡过难关。

后来有一次我去拜访某建设公司时，坦白告诉该公司的社长，自己目前还无法得到工作的窘境。

“你似乎认为问题出在你的知名度和技术不足，但你有确实想过得不到工作的原因吗？其实你只顾着想对症下药来解决问题，努力的方向根本不对，你要不要先针对原因好好检讨一下呢？”

被他这么一说，我才首次认真面对自己得不到工作的原因。

为什么我会得不到工作？当然是因为知名度不够。

为什么我的知名度会不够？因为我还没有交出实际的成绩。

为什么会交不出实际的成绩？因为我没有确实宣传我的强项让人知道。

为什么会没有确实宣传我的强项？因为我根本不清楚自己的强项。

为什么会不清楚自己的强项？因为我没有客观检视自己。

“既然如此，就先向他人请教我的强项何在，让他人来告诉我。”

过了几天，我又去找那位社长，请教他对我的印象，结果那位社长这样告诉我：

“没有错，你一定是还没察觉到自己的强项在哪里。你有创业的经验，而且就我跟你谈话的感觉来说，你对市场的新需求有很独到的见解，所以你要不要试着以开发新事业这块来营销自己呢？”

他的这番建议，让我后来以开发新事业的咨询顾问之姿，很快就扩大了营收。

而那一瞬间也让我明白，遇到瓶颈时，绝不能莽撞地想一口气找到解决对策，应该先探究原因。

我将昔日这个令人难以启齿的故事，整理成分类备忘纸。

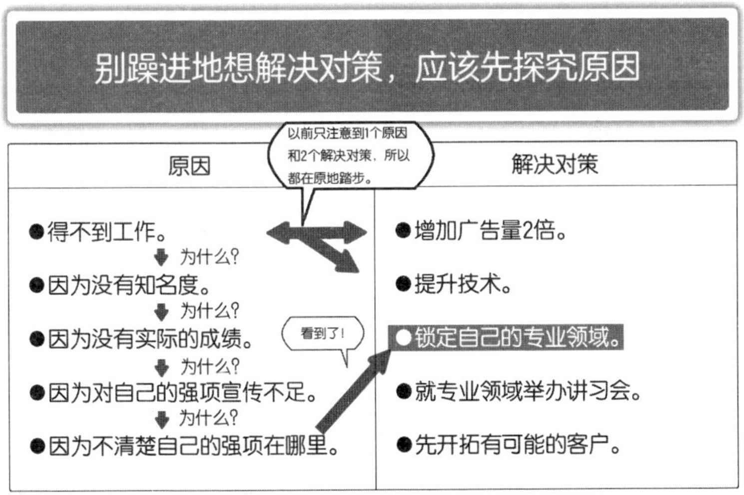

问3次“为什么”，能找出原因

以我的例子来说，我归咎自己得不到工作的原因出在没有知名度，再进一步深入检讨，才锁定不清楚自己的强项这个原因。

实际上在第一个阶段时，除了想到没有知名度这个原因外，当然还有其他许多原因可以思考，例如，广告词不够好、个人经历介绍看起来比竞争对手还差等。

但如果每一个项目都要分解成多个选项并深入检讨，最终恐怕会出现超过100个选项。如此一来不但很花时间，还很没效率，所以锁定某种程度可能性较高的项目，再进一步深入检讨，是非常重要的因素。

丰田最有名的做法，就是不厌其烦地反复问5次“为什么”，以找出真正的原因。也是由于这种不厌其烦探究原因的做法，让他们发起了改善运动，最终生产出优质的产品来。

不过话说回来，要我们突然反复问5次“为什么”来找出真正的原因，或许并不容易，但为了养成这种思考习惯，不妨先从问3次“为什么”开始练习。

懂得分类思考法的人，都能有效率又精准地执行解决对策，但只懂得思考解决对策的人，则会在原地踏步，所以一定要懂得将探究原因和解决对策做分类，因为一切从这里开始。

你也来制作分类备忘纸看看吧！首先准备好备忘纸，再将备忘纸横放，然后在纸张正中间画一条直线。

左边针对让你陷入瓶颈的问题，将你认为最有可能引发瓶颈的原因写在最上面，接着再思考引发这个原因的原因，然后以此类推，纵向写出3次“为什么”，进行探究原因的作业。

右边则针对探究原因时所想到的解决对策，写下所有可能的选项。

诀窍在于不能以模糊的印象或感觉来找原因，应该尽可能依据事实来验证原因，若只靠印象或感觉来找原因，只会降低真正原因的精准度。

作业 没有成果时，就将目的与手段做分类！

在头脑里进行分类时的提问

Q. 你目前遇到的问题，原因出在哪里？

Q. 什么才是最终的真正原因？

Q. 有哪些解决对策能解除问题的真正原因？

Q. 目前应该对哪边采用减法？应专注在哪边？

原因	解决对策
□	□
⬇为什么	
□	□
⬇为什么	
□	□
⬇为什么	
□	□
⬇为什么	
□	□

5 矫正离题的发想

——【事实、意见】

事实与意见混在一起就会产生扭曲

所有思考若没有依据事实来想，找到的解决对策就会离题。

前面说明过探究原因的重要性，而原因同样必须依据事实来思考，才有可能找到适当的解决对策。

这种情形在思考新的灵感时也是一样，尤其是开会时，常常看到有些人会一味地主张自己的想法，却无法论述任何事实依据来佐证自己的主张。

你应该也有过这种经历吧？开会时只听到大家彼此交换意见，虽然讨论得很热烈却没有结果，只是在原地踏步。

将自己的想法全部自由发挥出来固然重要，但若沦为个人抒发自己的感觉来讨论事情，就无法看到任何有用的点子。不仅如此，谈话的内容当中，一旦将有事实依据的信息混杂在个人意见里，很容易导致有事实依据的信息连同意见被一起否定。

我有时会参与客户公司里的新产品研发或经营战略提案等会议，尤其是以咨询顾问身份参与这种公司会议时，我都会要求他们将“客观信息（事实）”与“意见（看法）”分类写在白板上。

通过这个分类作业，能让他们更容易想出有事实依据且实用性较高的点子。

而且将事实与意见分别写出来时，事实这一边的内容能让他们产生共通的认知。

要预防离题的发想，一定要将事实与意见分类，这一点非常重要。

不论哪种事实都能创造出优质的意见

要思考新产品或模拟商谈情况等时，不论单独一人思考，还是聚集众人力量思考，最有效的方式就是将脑袋里的事实与意见（看法）做分类。

我曾到群马县馆林市举办过演讲，当地为促进区域活化采取了很独特的方式，那就是打出日本夏季全国第一高温的名号来吸引游客（馆林市拥有日本连续高温日数最长的纪录，甚至有超过40度的情形）。

当地反向利用自己的缺点，举办了“超辣、超甜、超冰凉美食总决赛”活动，试图将“日本第一热城市”这个缺点当成梗来吸引游客。

根据这个活动的负责人表示，若照往常一样只介绍市内的一般观光景点，已经无法吸引游客前来。

所以，当灵感遇到瓶颈时，这位活动负责人立刻列举了馆林市的特征（客观事实），也因为列出了特征之一、同时也是缺点的日本最热城市这个事实，于是有人提出反向利用这个梗的意见（看法）。

在今日这种人口不断减少的时代里，全国各地都为如何吸引游客伤透脑筋，但也不必因此突发奇想地急于找出特效对策，不妨像馆林市这样，不论多细微的事实（信息）都可以列举出来，再发挥想象从中找出灵感就行了。

馆林市的做法，广受全国各个电视综艺节目关注，据说因此大大增加了游客数量和相关产品的营收，这完全可以说是拜分类思考法所赐。

将事实与意见分类的优点

①能预防离题的发想。

②容易找出实用性较高的解决对策。

③看着事实会更容易发想。

开会、做简报、谈判、报告、市场分析、集思广益等都很有效。

不依据事实发想就有陷入离题的危险

这种情形也适用在营销等商业场面。

要将商谈内容写进笔记本时，应分类为事实与意见来记述，若只写自己的想法，或混杂事实与意见在内，事后很容易采取错误的应对方式。

例如，在听到负责采购的人说“竞争对手B公司开始在大力营销”时，就将自己认为“今后有必要降价销售”的个人意见写进笔记本里，还打算对此采取因应对策。但实际上客户最关心的并非降不降价，而是能否缩短出货日期，此时只要B公司提出提前交货的条件，恐怕就会被他们抢走这笔生意。

有一句话："意见是自由的，事实是神圣的。（前英国《卫报》总编辑C．P．斯科特）"充分说明依据事实来发想的重要性。

我有不少客户常常在计划里提到要针对妈妈们或银发族推出新事业，但通常都没有正视事实，只是就自己的想法进行讨论。

《市场营销的谎言》（日本新潮新书出版）一书就指出下列问题点：

例如，有一个需求假设提道："30多岁的妈妈们因为很忙，所以煮饭时最重视省时料理。"但实际上30多岁的妈妈们，比50多岁的妈妈们更注重营养均衡，所以对食材也很坚持，更会多下一道功夫来料理，纯粹是因为厨房里的IH调理炉愈来愈进化，才让她们提高了效率。

另一个假设需求是："银发族因为小孩都长大独立出去了，家里多出空房间，显得很空荡，所以会改住到较小的房子。"但事实上是有越来越多夫妻都在工作，为了就近把小孩送去给祖父母帮忙照顾，会选择住到父母家附近，所以其实是三代共享热闹的生活。换句话说，搬到较小的房子去住这件事，已经逐渐成为都市传说了。

从这两段话可以看出，若不依据事实来发想，离题的风险将会很大，这一点一定要注意。

顺带一提，这里所说的事实并非一定指数据。

如同丰田公司标榜“现地、现物、现认”一样，一定要用自己的眼睛确认，才是最重要的事。

你也来制作分类备忘纸看看吧！首先准备好备忘纸，再将备忘纸横放，然后在纸张正中间画一条直线。

左边依据事实写下引发你正在检讨中的主题或问题的原因，右边写下你依据事实所做的思考、意见、看法。

不妨用不同颜色标示“事实（左）”与“意见（右）”，或利用颜色不同的便利贴来表示左右两边，更能帮助自己一目了然看出左右的差异。

开会或商谈要记录备忘时也用事实与意见来分类

事实	意见（看法）
●竞争对手B公司开始大力营销。 ●客户正在考虑要不要换厂商。 ●开始推出提升CS（客户满意度）活动。	●有必要降价销售。 ●有必要考虑比竞争对手更快出货。 ●有必要加强售后服务。

作业　为预防发想离题，将事实与意见做分类！

在头脑里进行分类时的提问

Q.你目前正在检讨的事项里，是否存在什么事实或信息？

Q.从搜集来的事实与信息中，能得到什么意见或看法？

Q.目前应该对哪边采用减法？应专注在哪边？

事实	意见（看法）
□	□
□	□
□	□
□	□
□	□

6 | 舍弃不必要的技巧

——【收尾、评价】

将优点与缺点做分类，再依三阶段评价

好不容易有了很好的发想，却迟迟无法锁定选项，让人很伤脑筋。你是否也有过类似的经历?

似乎有不少人虽然在思考灵感的扩散阶段里，有办法整理脑袋里的思绪，但在锁定选项的收尾阶段里，却非常辛苦。

因此本章的最后单元，将探讨如何处理“脑袋里的抽屉”，以整理并锁定选项。

首先是依优点与缺点来做分类。

这是将具有某种程度效果的选项，分别写出优点与缺点后，再一一斟酌内容的方法。

例如，我有一个已经6岁的女儿，当年要就读幼儿园时，因为是要帮她选择人生中第一次的学校，所以我们非常慎重。

于是我将优点与缺点分别写出来，再从中锁定理想的目标。在我做出选择之前，我依序列出我认为最适合的幼儿园来。

表中只列出较具代表性的内容，实际上我列出的优缺点更多，而且数量都一样。

接着我开始将各项目一一做评价，并为了避免复杂化而采取了三阶段评价法，最后决定选择总加分最高、总减分最低的M幼儿园。

无法锁定选项、无法做出最后决断的人，基本上都是因为想参考自己以往的经验或他人意见的缘故。

但若是自己不曾经历过的事就无法做判断，而他人的建议也不见得一定正确，于是只能在脑子里不断思考，结果越想越犹豫不决。

判断评价用的优缺点表

（例）M幼儿园的特色

优点	缺点
比起教导更重视让小孩自行思考的教育 + + +	学费很贵 −
比起学习更重视让小孩在大自然里玩耍 + +	离住家有点远 −
会积极请家长参与活动 +	邻居同学较少 −

"三阶段评价法"

优点："非常好"+ + +/"还好"+ +/"虽然好但不太重要"+

缺点："非常差"− − −/"稍微差"− −/"虽然差但不太重要"−

所以再麻烦也一定要写在纸上，然后一边对照优点与缺点分类，一边像在玩淘汰赛一样，冷静地判断到最后。

从搬家时的选择房子开始，到为了结婚努力寻找异性、人才晋用、选定产品、拟定营销战略等，只要将"脑袋里的2个抽屉"做分类，自然能顺利收尾。

选项很多时的锁定分类法——报偿矩阵表

若因为选项很多，不知道该从哪里着手才好，甚至连筛选出有力候选选项都有困难时，就制作矩阵表，分类成4个区块来思考。

举例来说，如果你想经营餐饮业，就必须思考各种提高营收的方法，但此时若想同时执行这些方法当然会有困难，所以必须赋予优先级。在此介绍用“效果”与“实现性”来整理选项的代表性方法，也就是报偿矩阵表。

首先准备好备忘纸，再将备忘纸横放，然后在纸张正中间各画一条直线与横线，形成十字形。

接着在横轴上写上“实现性”，并在左边写上“简单”、在右边写上“困难”，然后同样在纵轴上写上“效果”，并在上方写上“大”、在下方写上“小”。

完成后的“A”是效果大又能简单实现的最优选项，表示能以最小的力气发挥最大的效果，所以是应该最优先执行的选项。

“B”是效果虽大却很难实现的选项，必须多花一点时间慢慢检讨，是否该着手执行。

“C”是效果虽小却能简单实现的选项，若发现只要慢慢累积效果，将来一定能带来莫大效果的话，就应该立刻着手执行。

“D”是效果小又很难实现的选项，表示根本不值得尝试，当场舍弃也无妨。

就经营餐饮业的例子来说，利用限时特价与新产品半价来增加客流量，是最有效果且实现性最高的手法，所以是最优先的选项。

如果无法一下就锁定有力的选项，只要像这样分类成4个区块，就能让锁定选项的作业变得顺畅。

此外，在安排工作的执行顺序与时间管理方面，也能利用紧急度与重要度来分类；而要尝试新的挑战时，也能利用风险与机会来分类。只要依据检讨中的主题改变必要的分类法就行了。

重点只在于要以哪两个项目为主轴。某种程度来说，或许需要一定的经验，但至少不能是以质量与技术等差异不大的项目为主轴，必须是成本与利润等各自独立的项目才有意义。

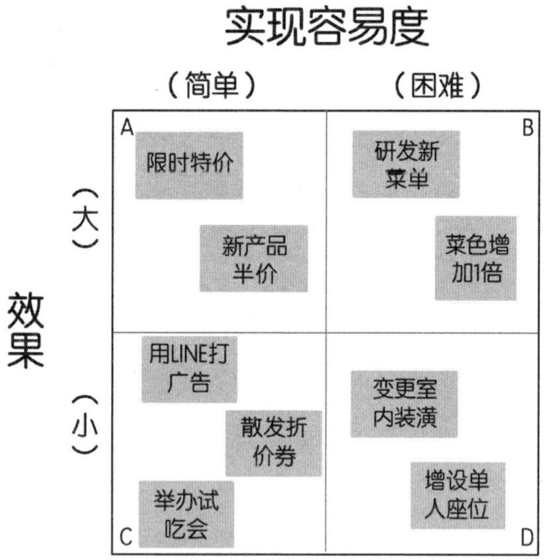

※参考：《解决问题的基本》（铃木进介著，日本翔泳社出版）

判断的最后王牌

尽管如此，可能还是会有犹豫，不知该如何舍弃其他选项。

这个时候，不妨采用最后的方法，也就是靠直觉来判断。既然无论如何想破头都找不到答案，不如靠直觉好了。

提到直觉，或许会给人一种很没有根据的感觉，有如在下赌注一样，但其实直觉不同于瞎猜。瞎猜是真的毫无根据地胡乱猜测，但直觉却有不同的原理。

因为直觉是凭借自己的经验与知识，瞬间浮现在脑海里的结果，并非单纯胡乱挑选一个选项。何况最后是靠自己心里的直觉做决定，至少可以降低后悔的情形。

即使用矩阵表分类成4个区块，终究也是相对性的东西，并非绝对。最后仍必须鼓起勇气，坦率听从自己的心声，这才是最重要的事。

接下来就以前面说明的方式，依序将你的思考分类成矩阵表看看吧！

作业　为舍弃非必要的选项，将优点与缺点做分类！

在头脑里进行分类时的提问

Q.你目前正在检讨的选项中，有力方案的优缺点在哪里？

Q.若要分类众多的选项，能以什么为主轴来整理？

Q.能简单实现且效果大的选项是哪个？

优点	缺点
□ □ □	□ □ □

第3章

解除心理设限以采取行动的方法

行动篇

1 过程与结果谁重要

——【过程、结果】

失衡会阻碍行动

“过程与结果哪个重要？”

与经营者或企业管理阶层谈话时，有时会谈到这个话题。

这是一个很难解答的问题，要以二选一的方式论述，会显得很愚蠢，因为两者会互相发挥作用，缺一不可。

但我观察客户公司时会发现，常常都是偏重某一边，尤其是太执着于最后结果，导致遭遇瓶颈的案例层出不穷。

最后变成经营者只会强加指示“给我交出结果来”，而员工则因为这种“得设法交出结果”的强迫观念，造成身体僵化的后果。

多数有这种情形的企业，都是因为存在结果目标，却没有设定过程目标，导致员工在不明白为什么会没有结果的情况下，不断在原地踏步。

其实真正重要的是必须同时设定终点的结果目标以及整个经过的过程目标。

唯有如此，一旦事情发展不顺利，才能找出真正的原因，也能因此专注在过程里，最后自然容易有结果。

没有结果就先设定过程目标

“碰巧接到订单，因此增加了营收”，有时当然也会有这种好的结果，比方说：

“很有营销力的前辈帮忙口耳相传新产品的好，所以拿到了订单。”

“自己负责的产品恰巧被艺人在电视上大力推荐，所以引起了风潮。”

就这种情形来说，如果没有设定过程目标，当事者很容易因此变得自大。

不仅如此，由于是在不懂战胜方法的情况下得到好结果，容易让当事者无法再复制相同的事（无法重现同样的状态）。

职棒总教练野村就曾说过一句名言：“胜利里存在一种不可思议的胜利，但失败里不存在不可思议的失败。”唯有设定过程目标，然后专注于眼前的行动，一旦发现不顺利就修正轨道，最终才能留下好成绩。野村实践这个理论后的结果，就是博得“野村再生工厂”的美名，不但顺利让资深球员重新活跃，更先后让养乐多队与阪神老虎队等弱小球队赢得冠军。

若发现工作上迟迟没有结果，就别太执着于最后结果，应该换个观点先设定过程目标再说。

能不断有结果的人，都是懂得将过程与结果分类，并适时切换开关，专注在目前应专注的事情上。

将未来梦想落实到过程目标里

由于工作上的关系，我有时会被经营者或一般员工要求给予事业上的建议。

通常经营者的问题在于“应该抱着什么样的使命来经营事业”，个人的问题则在于“找不到未来想做的事”。

前阵子又有一位30多岁、在电机大厂工作的男性找我咨询。

“虽然对目前的工作和位阶以及年收入都很满意，却看不到自己未来的愿景，但也没有什么特别想尝试的事……如果能拥有梦想，并设定实现的期限，每天的生活应该会过得更有激情。”

这位男性如此表示。

他似乎因为找不到梦想，而无法提升自己的原动力。

于是我请他将未来的目的和过程进行分类思考。

“就算找不到梦想，你是否有办法想象未来想过什么样的生活呢？”

既然无法描绘未来，就转换观点思考过程。

结果他突然开始述说了起来：

“虽然我自认为很有上进心，不过我希望在生活上能取得家庭和工作之间的平衡，我尤其喜欢全家人一起外出露营和接触大自然，所以比起事业上的成功，我更想拥有自己的生活。”

由此可见，即使找不到梦想这个结果（目的），也能简单描绘出生活方式（过程）。

不是每个人都能像网球界的锦织圭选手或足球界的本田选手一样，从小就描绘出鲜明的梦想，或像孙正义社长一样，一开始就拥有人生50年计划，并因此展开了如此庞大的事业版图。

不必太执着最后结果，如果会因此束手束脚的话，还不如转念来设定过程目标，这样才能早日踏出行动的第一步。

太执着结果只会让结果远离

我有一位朋友在经营研发系统与WEB应用程序的公司，目前40岁，公司成立已经7年，拥有15名员工。

但据他说，最近公司主力事业的系统研发委托案件越来越少，导致公司的资金周转越来越困难，如果继续这样下去的话，不到6个月就会资金短缺。

他还拼命地告诉我，必须再接到多少订单、提高多少营收才行。

可是不论他如何模拟状况，就是无法达成目标数值。

于是我要他换个观点思考看看：

“我已经理解你公司的状况和结果目标，可以告诉我公司的过程目标吗？”

结果他愣住了，于是我进一步问他：

“我的意思是，为避免资金短缺要提高营收的过程中，你有设定什么目标吗？”

只见他沉默不语。

结果是一种不论如何预测都很难掌握的东西，所以我建议他将结果目标和过程目标做分类，并先将力量集中来达成过程目标。

“你就先借助以前的客户、朋友、前辈的力量，去拜访100家公司再说。不必在意结果会如何，只要将目标订在2个月内拜访完100家公司就好，怎么样？等拜访完100家公司后，你想有可能什么事都没发生吗？等这件事彻底执行完后，再来担心结果也不迟啊！”

很明显他对我这番话燃起了希望，不但眼睛炯炯有神，心情似乎也开朗了许多。

结果目标与过程目标要一起思考

结果目标	过程目标
● 新客户营收必须达3000万日元。 ● 3个月内必须存进500万日元。	● 2个月内必须拜访100家公司、向30家公司提出报价单。 ● 拜访时必须提出两个低价格产品企划案。 ● 每个月必须发出5封推销函。

后来他果真转念，设定了“访问100家公司”的过程目标，并在拜访第8家公司时，成功拿到了一张大订单，而且签订的是事先付款的合约，让他的公司业绩瞬间翻转。

如果脑袋里过度执着最终结果，最后往往会走进死路。

当然在商业活动上，执着结果是一大前提，但如果遇到瓶颈，一定要将过程与结果分类来思考，才能创造打破瓶颈的契机。

“只要去拜访100人（100家公司），只要尝试100种方法，就没有解决不了的问题。”这也是我一贯的主张，而这个主张的根源就在于分类结果与过程。

通往结果目标的快捷方式

在我的企业客户里，有设定过程目标的企业其实很少，但同时思考结果目标与过程目标是很重要的一个观念。

若是业务部门。“寄送DM给1000家公司，设法取得其中80家公司询问，再从中选定60家公司进行拜访，最后向其中25家公司提交报价单。”只要如此具体设定过程中的各个目标数字，再进行PDCA（计划、执行、验证、修正），自然能看到哪里应该改善，也能帮助业务人员专注处理眼前的事情。

你也来制作分类备忘纸看看吧！首先准备好备忘纸，再将备忘纸横放。然后在纸张正中间画一条直线，左边写下你的结果目标，右边写下过程目标。

作业 过程也很重要，所以要将结果目标与过程目标做分类！

在头脑里进行分类时的提问

Q.你有什么结果目标与过程目标？

Q.用数据来呈现过程目标，会是什么情形？

Q.目前应该对哪边采用减法？应专注在哪边？

结果目标	过程目标
□	□
□	□
□	□

2 时间轴分类法

——【短期、长期】

从中长期观点与短期观点两方面来思考

你是否曾因为不知该如何赋予工作优先级而苦恼?

我以前也曾不知该如何赋予工作优先级而饱受痛苦，后来在研究思考整理法的过程中，我逐渐发现“只要在脑海里做整理，就能解除这种优先级的烦恼”。

赋予日常业务的执行优先级固然重要，但更重要的是如何在大的框架里整理时间轴，因为这道手续也会影响日常业务的执行优先级。

首先要以更宽广的视野来思考日常的优先级，尤其是管理阶层，在每天的漫长时间轴里如何定位每一瞬间，远比行动来得重要，所以若想带领公司或人们，就必须以更宽广的视野来捕捉事情。

目前的烦恼会永远持续下去吗

26岁那年，我刚刚成为企业管理咨询顾问不久，因为迟迟得不到工作而去参加异业交流会，但我当时因为失去自信，完全没有勇气可以主动去和人们交换名片。

或许是因为看到我这个20多岁的年轻人混在人群里却散发出负面气息而感到有趣吧，一位老人家走向我，他是年届70岁的一家食品商社社长。由于难得有人愿意主动找我说话，我就诚实地将自己迟迟得不到工作的烦恼告诉了他。

结果他把我带到会场角落，并拿出备忘纸来，然后在上面画一条横线，接着又在线上画了一个点。

“看到了吗，你目前的位置在这里，假设你会再继续工作40年，那么你就会知道目前的这个烦恼有多微小。当然这个烦恼不会永远持续下去，所以如果你有时间烦恼的话，不如将时间分成短期与长期来思考，然后想想自己现在能做的事。”

被他这么一说，我的心情瞬间开朗了起来，而且这件事直到现在仍让我记忆犹新。

于是我立刻将“现在能采取的行动”和“将来想做的事”做分类，并专注在能采取的行动上，1个月后就得到了第一个客户。

我能在长时间轴上定位目前的自己，再客观地赋予行动执行的优先级，不用说，当然是这位社长的功劳。

当人们遇到瓶颈时，往往容易以为这个烦恼会永远持续下去。

实际上，就长远的人生来看，那不过是微不足道的一小点。

若觉得自己遇到了瓶颈，一定要冷静判断：这个问题会一直持续下去，还是会在短期内结束？

简单地说，必须分别以短期和长期来捕捉事情才行。

例如，我问你：“有办法回想起1年前的今天的烦恼吗？”你应该是答不出来吧？可见烦恼这种东西，会慢慢消失在时间里。

“现在的烦恼”与“今后人生的烦恼”不能混在一起思考

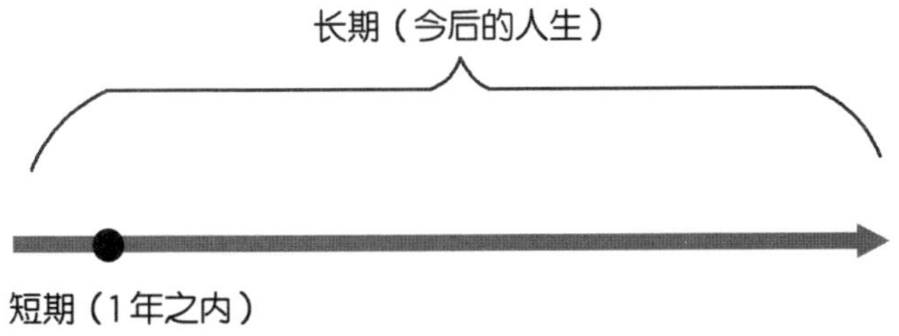

1年前的烦恼直到今日仍是烦恼的可能性很低，所以必须分为短期和长期来思考。

时间轴分类法是困境的突破点

曾经有一位金属加工公司的社长来找我咨询有关开发新事业的问题，因为他们公司本业的收益已经下滑，所以想开展新事业，利用手机来开展美容院与按摩沙龙的中介预约服务。

当时还没有智能型手机，所以这个想利用手机来扩展商机的想法并不差。

唯一的问题是我从他们公司的财务报表来看，根本没有多余的资金可以用来扩展这项新事业，因为本业的资金周转就已经很紧张了，何况要进军与既有事业相差甚大的异业，绝对需要更多的成本与时间，才有可能慢慢获得利润。我当然反对这样的做法，于是追问了一下，果不其然发现他想靠新事业一次性逆转。

既然资金周转开始有困难，就应该先设法降低成本才对。换句话说，与其想开拓新收益来源，不如先设法止血。

这位社长讲话虽然有条理，但在过程中我发现他经常将短期应做的事与应长期规划的事混在一起，完全没有时间轴的概念，显然他很习惯只思考自己想做的事。

于是我利用办公室里的白板，用短期与长期分开来整理各行动项目，并写出短期行动应以降低成本及加强既有事业为主，长期行动则是列出新事业，才终于帮这位社长确定了目前在经营上应做的事情的优先级。

虽然了解，但因为整理不来才要写下来

“我想推展这项事业！”如果拟定的详细的事业计划沦为一招都没有的企划案，真的很可惜！

唯有将短期与长期的事业发展以时间轴来分类，并描绘出愿景，才能扩大永续经营的商机。

此外，经营者与管理者绝不能将既有事业（能赚钱的事业）与新事业（培育的事业）所代表的意义混在一起，因为两者的时间轴不同，人力、物力、资金的经营资源分配法，当然也会不同。

其实每个人都知道要将短期应做的事与应长期规划的事分开来思考。

但是，因为想做的事太多，让头脑忙不过来，导致无法收尾，或有多个问题混杂在一起时，往往就会忘了依时间轴来分类并整理行动项目。所以，不妨偶尔深呼吸一下，然后在纸上一边分类，一边制造让头脑冷静下来的时间。

你也来制作分类备忘纸看看吧！首先准备好备忘纸，再将备忘纸横放，然后在纸张正中间画一条直线，左边写下你短期应做的事项，右边写下应长期规划的事项。

诀窍在于单独思考短期与长期的时间轴设定。至于短期要定为1年还是1个月，应依你的课题来设定。

此外，依据内容而定，除了短期与长期外，也能加入中期，采用三分类法。

应做的事也有短期与长期之分

短期（1年以内）	长期（起初3年）
● 找出能降低成本的项目。 ● 对于既有事业要提高2倍拜访客户的次数。 ● 推出提早提供试作品的新服务。	● 扩大服务据点。 ● 在具有技术的企业与制造业之间当中介人。 ● 设立新公司来推展不同的新事业。

作业　要赋予应做的事优先级，就将短期与长期做分类！

在头脑里进行分类时的提问

Q.你有什么短期应做的事与应长期规划的事？

Q.目前应该对哪边采用减法？应专注在哪边？

短期应做的事	应长期规划的事
□	□
□	□
□	□
□	□
□	□

3 | 不要觉得好像很难

——【大项目、中项目、小项目】

迟迟踏不出行动第一步的人的心理机制

从事这么多年提供咨询服务与研修的工作，总是会遇到一个情况：明明有很棒的计划与战略，行动力不足的人却很多。

“你觉得自己为什么会迟迟踏不出行动的第一步呢？”

有时我在演讲时，会对听众提出这个问题。

虽然得到的回答有“怕失败时会很难为情”“怕被他人批评”“没有自信”“觉得很麻烦”等种种内容，但说了这么多，最终原因还是在于“总觉得好像很难”这种不着边际的不安。

其实没有比茫然不安还可怕的要素了！

因为“总觉得”这句话背后代表的是一种抽象，也因为肉眼看不见抽象，所以找不到具体的处理方法。但如果放任肉眼看不见的茫然不安继续存在下去，很容易造成被害妄想的规模逐渐大过现实。

一旦发展到这个阶段，脑袋里的思绪就会一片紊乱，让人更不容易踏出第一步。要解决这个问题，就要设法消除“总觉得好像很难”的想法，此时需要将成为行动障碍的课题规模分类到最小。

将含糊表现与烦恼分类到最小

最近常听到经营者与管理阶层的抱怨：“感受不到年轻男性员工的冲劲儿。”

还因此大叹：“很想提高他们的动力，但不知道该怎么做才好……”

虽然脑袋里试着思考各种可能性，但总是在原地踏步，最后只好认定：“总觉得好像很难，而且很麻烦，算了，还是先处理其他工作好了！”就这样把问题往后延，但过程中不断有人离职，留下来的人只好拼命加班，这种情形其实很普遍。

这个时候，“感受不到冲劲儿”的说法太过茫然，应该先分类为小规模来思考，分析没有冲劲到底是“工作速度太慢，常常失误”，还是“离职的人太多，让公司内的气氛变得很差”，唯有具体分解开来，才容易思考出解决对策。

多数人这时都想莽撞地达成目标，才会给自己施加过多的压力。首先应该将大规模的课题具体分类到最小，直到总觉得好像很难这种说法消失为止，尽量以自然的方式来面对。

三规模分类法

要执笔写本书时，我也同样将自己的行动项目做过分类，因为若要一边举办研修和演讲，还要一边写书，负担会太大，到时也一定会出现“总觉得好像很辛苦，也好麻烦，要从哪里着手才好？……”的情形，我一定会很快就出现负面情绪。

为避免发生这种情形，我将脑海里思考的行动项目写在纸上，并进行分类。

首先将行动项目分为大项目、中项目、小项目的三个阶段。

以出书为例，一般可以分类成“1. 思考企划”“2. 开始执笔”“3. 向出版社推销”3个行动项目（大项目）。

接着还能将“1.思考企划”分类成“（1）确认自己的专业领域”“（2）检讨理念”“（3）研究图书”的行动项目（中项目）。

最后，如果是（3）的话，还能继续分类为“①每星期去书店视察1天”“②编制类似书的作者和我的专业性比较表”“③去听类似书的作者举办的演讲”（小项目）。只要像这样将课题规模分类到最小，就能明确出行动的第一步。

用三规模分类法就能看出行动的第一步

大项目	中项目	小项目
1. 思考企划	（1）确认自己的专业领域 （2）检讨理念 （3）研究图书	①～～～、②～～～、③～～～ ①～～～、②～～～、③～～～ ①每星期去书店视察1天、②编制比较表、③听作者演讲
2. 开始执笔	（1） （2） （3）	①～～～、②～～～、③～～～ ①～～～、②～～～、③～～～ ①～～～、②～～～、③～～～
3. 向出版社推销	（1） （2） （3）	①～～～、②～～～、③～～～ ①～～～、②～～～、③～～～ ①～～～、②～～～、③～～～

降低行动第一步前心理障碍的秘策

在此以搬家为例，来思考解决“总觉得好像很麻烦”这件事。

“1. 决定地点”“2. 找搬家公司”“3. 办理各种手续”，只要从大项目开始如此分类，就能清楚看见第一步。

如果换成“储存1000万日元”的目标，来思考“总觉得好像很辛苦”这件事时，该如何分类才好?

此时可以分类为“1. 增加收入”和“2. 减少支出”2项。

采用这种方式将大课题先分类成小课题，设法降低采取行动第一步之前的心理障碍，才是最重要的步骤。

“要如何邀请意中人出来约会”“要如何学会英文会话”“要如何持续跑马拉松”“要如何对新客户展开营销活动”等，不论工作还是私人生活，所有事情的思考方法都是一样的。

宛如婴儿学步的行动水平为何?

既然提到要分类成小规模，那么小规模到底指什么样的程度?

简单地说，就是不论谁都不需要用力就能立刻着手的程度。

这种情形又称为婴儿学步。如同字面意思，婴儿不可能有办法快速地走动起来，都是从学会翻身开始，然后慢慢学会爬行，再学会抓住东西站立，一小步、一小步地慢慢发展。

如同婴儿一步一步慢慢克服难关一样，我们也应从一小步开始分类，一步一步慢慢地解决各个问题。

例如，觉得“学英文会话好麻烦”，大概就不会想去报名上英文会话课，不过这样的心理障碍是有点高，所以此时若先去跟英文会话班要数据，就能多少降低一点采取行动的心理障碍。如果这样还是提不起劲来，也可以上网去找资料，应该很容易办到。这种将规模分类到最小的单位，就是婴儿学步。

总而言之，如果发生总觉得好像很难的情形，迟迟踏不出行动第一步的话，就采用这种婴儿学步的方式，将课题分类到最小规模。

你也来制作分类备忘纸看看吧！首先准备好备忘纸，再将备忘纸横放，然后在纸张上画2条直线，分类成3个区块。接着在最左边的区块里写下你想处理的主题大分类，在中间的区块写下将大分类分解开来的内容，在最右边的区块则写下更进一步分解开来的内容。

作业　为明确定出婴儿学步，将大项目、中项目、小项目做分类！

在头脑里进行分类时的提问

Q.让你认为“总觉得好像很难”的行动主题是什么？

Q.依大项目 ~ 小项目写出的婴儿学步会是什么？

Q.目前应专注在哪个婴儿学步上？

大项目	中项目	小项目
1.	（1）	①
	（2）	②
	（3）	③
2.	（1）	①
	（2）	②
	（3）	③
3.	（1）	①
	（2）	②
	（3）	③

诀窍在于各区块（大项目、中项目、小项目）的内容，要配合抽象度来思考。

大项目里不能同时写入“找英文会话班”与“每星期看1次英文会话节目”的相同项目，如果能设定婴儿学步，就赋予各项目优先级，并设定期限，决定好“在什么时候之前”执行该项目。

4 先确定应做的事

——【不做的事、应做的事】

面对“不做的事”的效果

你是否也有过脑子里满满都是想做的事和应做的事，导致不知从何着手才好的经历?

而且还试图一次把这些事全部完成？许多创业家和管理阶层都有这种情形。

想要中途不遭遇挫折地持续做到底，就不要一次全部同时执行，应该锁定一件事来高速进行才不会分散力量，也才容易有成果。

当然也有可能心里虽然明白这个道理，但就是无法整理清楚行动项目。

这时候建议最好先确定不做的事。

由于大多数人的脑子里都塞满了想做的事和应做的事，对于要先确定不做的事，通常会采取消极的态度，脑子里也会下意识地拒绝。

但唯有先确定不做的事，才有办法清楚看到想做的事，并赋予优先级。

因为即使无法整理出想做的事，也会在想避免的心理作用下，快速明确出不做的事。

不做的事与想做的事的特征

不做的事	想做的事
● 消极的 ● 非现实的 ● 来不及 ● 预算外，等等	● 理想的 ● 现实的 ● 来得及 ● 预算内，等等

※参考：《一流的人为什么都用A3笔记本？》（横田伊佐男著，日本学研出版社出版）

重视想避免胜过想得到的人类心理

从许多心理学的研究可以得知，人类所拥有的冲动，大致可分为想得到和想避免两种。

例如，“想要有钱、想要吃饭、想要出人头地”是属于想得到的心理，“最好不要有房贷、不想变胖、不希望降低工作效率”是属于想避免的心理，而比起想得到的心理，想避免的心理更容易让人感到紧张。

我认为这是来自人类“想避免危险”的生存本能。

所以，先明确定出想避免的事，就能更容易更清楚地看到想得到的事与想做的事。

我也是先将自己的专业领域和未来明确定出不做的事后，再采用减法来锁定选项。例如，虽然同属企业管理咨询顾问的领域，但财务与人事方面是不做的事，新事业与产品研发等新事物是想做的事。

我就是如此先从确定不做的事开始做分类。其实不仅是工作，就连描绘自己的出路与未来愿景时，这种分类法也很有效。

将不做的事与想做的事做分类后就得到成功的两家公司

这种情形也适用在企业经营上。

纤维领域就存在这样的案例，在将不做的事与想做的事做分类后，让同样都有好业绩的不同公司，采取了完全不同的战略。

其中一家是将公司设在福井县，创业超过120年的宇峰精密科技，在纤维领域里被定位为“中游”公司，主要事业是提供成衣染色加工。

近年来为了应对市场缩小的窘境，于是针对“不做的事”与“想做的事”采取分类战略，重新定义“不做的事=不执着在成衣与纤维产业”“想做的事=多元化经营非纤维与非成衣领域”。

目前该公司在结算后，就单纯的纤维与成衣事业来看，营收只占2～3成，非纤维领域的营收增加到6成以上，其中包含汽车座椅等与汽车内装有关的事业、百叶窗等室内装潢事业、加入丝绸成分制作的化妆品与生医科技事业、用纤维制作的电磁波遮蔽板等电子事业。

尽管这些事业都是以纤维加工技术为基础，但已经跳出单纯的纤维公司框架，完全配合市场需求进化了。

另一家纤维公司东丽，被定位为上游公司，同样是创造出好业绩的公司。

东丽分类为“不做的事 = 无意义的多元化经营与新事业”与“想做的事 = 纤维”，并将后者列为核心事业，目标是成为提供最尖端材料的公司。相对于宇峰精密科技努力在非纤维事业上求突破，东丽反而更进一步加强纤维事业。

例如，为制造功能性更高的纤维，从2003年起和优衣库共同研发“发热服”，成功提高了业绩。另外还以新纤维之姿的碳纤维，提供汽车与飞机产业相关产品，同样提高了业绩。由于彻底将纤维相关事业定位为核心事业，所以在被视为景气越来越差的纤维业界里，纤维部门的营收（7500亿日元）与营业利润（500亿日元），都增加2成左右，碳纤维部分的营收也比前1年增加50%（1133亿日元）、营业利润增加130%（170亿日元）（2013年3月时的结算）。

非纤维事业占6成的宇峰精密科技，与纤维相关事业占6成的东丽，当然没有谁好谁坏的问题，两者因为分类不同导出了不同的战略，但同样都得到了好业绩，这一点才值得瞩目。

业绩不好的企业，都是不懂得做分类，只是不断在做各种半吊子的尝试，才会招致企业的失败。

只要确定不做的事，人们就会跟上来

不久前，我针对经营者举办演讲时，被问到这样的问题：

“员工曾在背地里骂我，说社长自己从不出去跑业务，只会在那里想东想西，看样子根本就没有在认真工作嘛！对于员工的这种谩骂，你有什么看法？”

于是我建议他明确定义并且让员工明白经营者的工作。

经营者最重要的工作，不见得是出去跑业务这种物理性的活动，而是做出决断，这才是真正重要的工作。所以，即使被员工在背后指责有关物理性的劳动时间与劳动方法，也不必因此感到郁闷。

例如，先确定“不做的事 = 跑业务、每天的例行性工作”，然后将“想做的事 = 日常的决断、教育人才”从不做的事当中分类出来，明确定义社长的工作就行了。

“根本不知道社长都在做什么”，基本上不论哪家公司，都有员工会这么想，所以和员工一起将各自的工作做分类，也是管理组织的重要一环。

以超商业界来说，最有名的就是7-11店的铃木敏文会长，他就曾公开否定经营者到现场去的必要性，因为他认为身为经营者与其到现场去，不如确实建立假设并做出决断。相反，罗森的玉冢元一社长，则是非常重视现场的人，所以他经常去现场视察，并和现场工作人员沟通。

当然这同样没有谁好谁坏的问题。

先明确出不做的事，再来整理如何采取行动的思考。身为管理者，必须懂得明确分类不做的事与想做的事。

你也来制作分类备忘纸看看吧！首先准备好备忘纸，再将备忘纸横放，然后在纸张上画直线，并在左边写下在你处理的主题中“不做的事”，右边写下“想做的事”。不妨先光明正大、明确地写出“不做的事”，明确定出范畴。

作业　为坚持做下去，将不做的事与想做的事做分类！

在头脑里进行分类时的提问

Q.在你处理的主题中，有什么是“不做的事”？

Q.在你处理的主题中，有什么是“想做的事”？

Q.目前应该对哪边采用减法？应专注在哪边？

不做的事	想做的事
□	□
□	□
□	□

5 成功人士不换衣服

——【执着、不执着】

乔布斯为什么执着穿黑色高领衫？

苹果创办人史蒂夫·乔布斯都穿什么样的衣服？被问到这个问题时，你是否会立刻想起来？

只要看过史蒂夫·乔布斯演讲的人，应该都能立刻答出来。正确答案是：黑色高领衫和牛仔裤。

过去约有10年的时间，每次只要出现在媒体前，他都会这样穿着。据说，他拥有几百套这样的服装，而且是向三宅一生大量订购的。

为什么他会如此执着穿同样的服装？据说是因为必须做出重大决断时，不想将决断力浪费在多余事情（要穿什么、要吃什么等杂事）上的缘故。

奥巴马也有同样的思考模式，所以据说他只有准备蓝色和灰色两种西装。

美国卡尔顿大学主修商学的克里斯·索夫，曾分析过在人生里缔造伟大功绩的成功者们的生活方式，并在TED（世界知名演讲会）上发表，结果就和史蒂夫·乔布斯及奥巴马一样，懂得整理人生某部分的人，都能更专注在其他事情上，进而达到更辉煌的成就。简单地说，养成整理人生与思考的习惯，能提升自己的创造力。

应取得100分的工作与只需60分的工作

当我们想采取行动时，会针对所有事情尽全力努力。更进一步地说，我们都会在“必须取得100分”的前提下采取行动。

但所有事情都要以100分为目标，在时间有限的生活里，并不容易实现，何况在根本不必求得100分的场合里还这么执着，反而会成为阻碍行动的第一步。

所以就工作来说，一定要分类为“应执着的事”与“不必执着的事”，再设定应专注处理的领域。换句话说，必须将“应取得100分的工作与只需60分的工作”做分类，再来整理脑袋里的思考。

一开始就想追求100分才会动不了

我曾经因为不懂得整理执着度而失败，那时我26岁，才刚出道成为企业管理咨询顾问没多久，有一家专门提供系统研发的公司，要我帮忙企划新事业。

我花了整整3天时间写提案书，却只写出3行字，因为我满脑子思考得都是企划案的所有细节，认为“得写出完美的提案书才行”。

虽然我绞尽脑汁整整想了3天，却只是不断焦急地冒冷汗。其实当时只要先拟出重要的大纲，然后再详细听取该公司的意见来做整理就行了，但我却莫名其妙地一开始就想取得满分100分，才会变得动弹不得。

最后我只好装病，告诉对方“因为感冒身体不舒服，所以头脑不怎么灵光”，就这样一边找借口一边战战兢兢地提出我的提案书……

结果该公司的社长对我说：

“我看你是因为写不出来吧？谁叫你一开始就太想追求完美，其实只要先写出6成的大纲，之后再互相交换意见做整理，就能写出不错的内容了。”

在那之后，不论要整理企划书还是提案书，我都谨守先写出6成大纲，再通过商谈或开会进一步整理的原则，同时努力增加和客户见面的次数，与客户一起朝着满分100分努力。

这种做法明显提高了我在商谈上的胜率以及客户端的成果达标率。

就工作来说，有时不要一开始就太执着，反而会有不错的效果。

例如，有些人在制作演示文稿时，非常执着要加入动画式的设定，这些人同样属于执着点错误的人。如果因为执着反而减缓行动速度，那就本末倒置了。

你的执着是什么？

软件银行的孙正义社长是非常执着准备与计划的人，这一点经常被商业杂志报导，而相较于他行动时的庞大规模来看，显然他是一位很在意准备工作细节的执着主义者，完全就是“计划要悲观，行动要乐观”的人。有1个小故事足以说明他对计划有多执着。

◎要展开新事业时，会写出1000个经营要素。

◎要找商业伙伴时，会列出3000家候选公司。

◎要拟定1个新事业计划时，会准备100种可能性。[①]

他在19岁时就制订自己人生的50年计划，2010年时又宣布新30年未来愿景，提出如何让公司持续成长300年的构想，对准备及计划的执着度令人震撼。

这种对执着度的分类，也适用在医疗界，因为治疗不是要“彻底执着”就是“大概就好”。从2010年起算，在未来的30年内，日本未满65岁的人口将减少3000万人，要如何减少每年增加1兆日元的社会保险费，将成为关键。

提倡医疗应分类为“彻底执着”与“大概就好”的永生医院安藤高朗理事长就指出，掌握关键的是决定治疗优先度的紧急度判定。除了听取病患的病症外，也要尊重病患的意愿，是要以彻底治愈为目标，住院接受高度专业医师的治疗，还是不求治愈，而是以维持原有生活为目标，就近在当地医院看诊。

日本的医疗向来以帮助病患恢复100%的健康为目标，因此

① 三木雄信．软银“跳脱常识”的成功法则 [M]. 日本：东洋经济新报社．

即使存在“大概就好”的需求，也往往为追求“彻底执着”而过度治疗，才会造成社会保险费不断增加。[①]

分类“执着度”能加速行动

如果凡事都想取得100分，不但会无法赋予执行的优先级，也会存在全部无疾而终的风险。以工作来说，有时反而应该重视执行速度，并在周遭人的协助下推进，只需取得60分就行了。相反，遵守法规与管理数字等方面，则必须努力取得100分。如果太执着要取得100分，导致交不出成果的话，就应该在行动前先用“执着度”来分类，就结果来说，才能加速行动。

你也来制作“分类备忘纸”看看吧！首先准备好备忘纸，再将备忘纸横放，然后在纸张上画直线，并在左边写下你在工作上“要彻底执着的事”，右边写下“不太执着的事”。

---

① 日本经济新闻[N].早报，2015-4-20.

作业　为了解自己的执着度，将执着与不执着做分类！

在头脑里进行分类时的提问

Q.在你的工作里，什么是你要彻底执着的事？

Q.在你的工作里，什么是你不太执着的事？

Q.目前应该对哪边采用减法？应专注在哪边？

执着	不执着
□	□
□	□
□	□

6 球星共通的思考法

——【能改变、无法改变】

一流的人能不动如山，二流的人只会惊慌

你认为前职棒选手洋基队的松井秀喜和足球队AC米兰的本田圭佑选手之间，有什么共通点？

若是热爱运动的人，大概会回答两人出身于同一个学校（石川县的星陵高中）吧？这当然也是正确答案，不过最大的共通点是两人都拥有不动心的思考法。

当我们遇到瓶颈或面对困难时，脑袋很容易变得惊慌，有时甚至会因此停止思考，但只要拥有不动如山的态度，就能瞬间整理清楚脑袋里的思绪，找到打开困境的契机，松井秀喜就曾说过这样一段话：

“面对困境时，我不会去想无法控制的过去，而是专注在能改变的未来。”

在他的著作《不动心》（日本新潮新书出版）里，他提到自己在面对困境时，会将意识专注在思考“自己眼前能改变的是什么”，进而整理脑子里的思绪。

只要是人，受伤时或没有亮眼成绩时，难免会觉得焦躁，这一点谁也无法改变，但至少我们可以努力不将这种焦躁表现出来。

他就是因为采用这种做得到与做不到的分类法，才能在世界大赛里赢得MVP，充分活跃在职业棒球界里。

本田圭佑选手也是一样，在受伤与身体状况不佳而没有好成绩时，他并没有唉声叹气，而是努力分析原因，并专注意识在“自己眼前做得到的事”上，才得以完美复出。

想下功夫就先确认这个

其实将这种思考法放到工作中也一样。

你是否在工作中遭遇过困难？

面对困难时，你会陷入什么样的思考状态？

是不是会忍不住想：“要是我有更多时间就好了……”“要是我有更多预算就好了……”，希望自己有足够的武器，可以用来克服困难？

然后没过多久，又开始哀叹不足的东西，并逐渐失去自信……一旦发展到这个地步，很快就会陷入恶性循环，脑袋里的思绪也会一片混乱。

其实只要重新确认清楚工作的定义，就能避免发生这种情形。

工作是“在有限制的条件中，发挥最大执行能力的行为”。

因此想在完美条件下完成工作，几乎是不可能的事，不论哪种工作都是在某些限制的大前提下开展的。明白了这些，就不会再因不足的东西而哀叹。

只要能重新确认工作的定义，就不会再因无法改变的状态或状况这种不足的东西哀叹，而是懂得将意识全专注在能改变的事上，并设法下功夫。

这种功夫是克服障碍的特效药，引导你顺利克服障碍。

先别管无法改变的东西

我有时会受托提供研发产品的咨询服务。

有趣的是，只要企划案推行得不顺利，不论哪家公司都会有相同的反应：

“可惜我们公司对新企划案的产品没有相关的技术”“没有

可以实现新企划案的通路”等。

一旦出现这种话，公司很快就会陷入停止思考与行动的恶性循环。

新产品是一种新挑战，难免会遭遇公司内各种条件限制，要实现当然也会有各种不足的东西。

但再怎么哀叹无法改变的条件也没有用。

所以，我强烈建议一定要先将脑海里的思绪做分类，做好整理的工作。

将眼前的现况分类为无法改变的事与能改变的事。

例如，无法改变的事可能包含预算、小组成员、事业准备期间。

至于能改变的事（目前能下功夫的东西）可能包含目标客群、营销方式、设计。

**不执着在无法改变的事而是
专注在能改变的事**

无法改变的事	能改变的事
● 预算 ● 小组成员 ● 事业准备期间	● 目标客群 ● 营销方式 ● 设计

只要懂得如此分类，应该就不会再执着无法改变的事，而能转换至可以改变的事的观点，将自己从不安里解放出来，之后自然容易踏出行动的第一步。

若始终执着在无法改变的事上，思考就会混乱，也无法采取行动。

一定要先释放情绪，再泰然自若地做分类。

无法改变的事与能改变的事的常见例子

无法改变的事	能改变的事
● 他人 ● 个性 ● 事实	● 自己 ● 讲话方式、行为 ● 解读方式

唯有自己随时都能改变

很不可思议地，人类似乎是一种越是遭遇困难，越想强求没有的东西的动物。人也因为老爱强求没有的东西，才会为逃避现实陷入幻想，而且这种思考开关往往都是在下意识里被打开的。

前阵子我和6岁的女儿之间发生了这种事。

有一天晚上，我跟她说：“我们去洗澡吧！”当时她正在看小孩最爱看的卡通，尽管我命令了她2次，并催促她：“洗澡时间到了，快把电视关掉！”但她完全听不进去我的命令。

我那时突然发现，即使是自己的小孩，我们也很难轻易改变她的想法，除非自己先改变，于是我决定换个方式跟她说。

这次我不再命令她，而是向她提议玩游戏：

“不然这样好了，你和爸爸比赛，看谁先跑到浴室去！”

结果她立刻关掉电视，很开心地跑向浴室。

又有一次是在假日里，我们全家开车出去兜风。因为是假日的缘故，我们的车被塞在路上动弹不得。

后来我发现自己开始焦躁，于是赶紧在脑子里做分类。

既然塞车是既定的事实，我再怎么焦躁也改变不了事实，但至少我能改变开车的路线以及和家人在车上的度过方式。就这样，原本焦躁的时间，变成我和家人在车上开心交谈的时间。

当我冷静下来在脑子里做分类后，我突然想到一件事：

“我们平常到底浪费了多少精力与时间，死命想改‘无法改变的事’？”

遇到瓶颈时，就换个观点在脑海里做分类，这才是突破困境的关键。

你也来制作分类备忘纸看看吧！首先准备好备忘纸，再将备忘纸横放，然后在纸张上画直线，并在左边写下你目前遇到瓶颈的课题中无法改变的事，右边写下能改变的事。

作业　为消除焦躁并发挥最大执行能力，将无法改变的事与能改变的事做分类！

在头脑里进行分类时的提问

Q.在你遇到瓶颈的课题中，什么是无法改变的事？

Q.在你遇到瓶颈的课题中，什么是能改变的事？

Q.将无法改变的事采用减法思考时，有什么事是你现在能改变的？

无法改变的事	能改变的事
□	□
□	□
□	□

7 | 放掉工作Vs紧抱不放

——【授权、延后】

自己动手比较快反而会更慢

越是态度认真并受周遭人信任的人，其实行动越容易遭遇瓶颈，因为这样的人通常都是很有自信、也很想为他人奉献的人，所以会忍不住接受种种委托。

接受他人委托固然不是坏事，但若无法整理清楚行动就会不堪负荷，结果不但减缓行动速度，甚至有可能反过来给他人造成困扰。

不仅如此，通常这样的人都认为工作与其交给他人处理，不如自己动手比较快，但就结果来说，这反而拖长了交出成果的时间。

只要采用分类思考法，就能顺利地整理清楚授权他人处理的事与延后处理的事。

我曾经去听一位经营外食新兴产业的后起之秀演讲。

这位后起之秀提道："业绩好的一流店长，连区分自己目前是否该做的事，手法都很一流。"

简单地说，凡事都想自己处理的店长，即使有再强的能力，也会因此无法休息，最后因为身心俱疲，随着客户的增加而不堪负荷。

相反地，越是懂得分类的店长，不但越有机会休息，收入也更丰厚。

坐高铁时，我常在一般车厢里看见穿西装打领带的上班族正在用电脑工作，但商务车厢里的上班族，则很少有人会在车上用电脑工作。搭飞机时也是一样，我就常听空乘员告诉我，经济舱里都会有人忙着用电脑工作，但头等舱里则几乎看不到有人在用电脑工作。

要有效率地交出最大成果，关键在于懂得如何放掉工作，授权他人去处理。

不做的事的处理重点

那么一流的人是如何整理授权他人处理的事与自己动手处理的事?

在先前的单元里，说明过不做的事与想做的事的分类重要性，而这个重要性对如何处理不做的事，含有重大暗示。

有些人虽然懂得赋予想做的事优先级，却很少有人懂得整理不做的事。

就不做的事来说，若是守备范围外的事，例如“明显不是自己或自己小组应做的事”，只要单纯舍弃就行了；真正必须处理的是“原本属于自己的守备范围，却在能力上与时间上无法完成的工作”。

这种工作如果随便舍弃的话，很有可能连自己的责任也跟着舍弃，会让自己的信用跟着坠地。

这时候应该分类为授权与延后2种方式来处理。

不做的事的分类法

舍弃	授权	延后
□	□	□
□	□	□
□	□	□

先分类成这3 个区块，就能看出“舍弃”以外的两个处理法。

工作紧抱度确认表

在此针对授权与延后说明。

许多人对于要授权给他人处理这件事，往往显得很犹豫，也很烦恼。即使有时明知交给他人处理会比较好，但就是下不了决心，只能一直烦恼。

这时一定要回到工作的原点来思考。工作绝不是一个人就能完成的事，这世上几乎没有一份工作是能靠一个人从头到尾负责，唯有借助他人的力量，才能更有效率地靠众人力量解决问题，当然也容易交出成果。

在演讲会上，我都会让大家自我确认是否具有懂得放掉工作的特质。

工作紧抱度确认表

- ☐ 1. 基本上很怕（很不喜欢）把工作交给他人、拜托他人处理。
- ☐ 2. 个性上不太会向人低头说："请教我。"
- ☐ 3. 不擅长简洁向人传达事情。
- ☐ 4. 认为只要内容好，就很容易谈判。
- ☐ 5. 对于他人的发言，往往采取负面思考。
- ☐ 6. 有时会打断他人的话。
- ☐ 7. 交谈时不擅长利用附和或提问来展开话题。

有3个以上符合的情形时，就要多注意！

不擅长授权他人的人应了解的三大重点

怎么样？你有几个符合的情形？

如果有3个以上符合的情形，就得发出黄牌。

不擅长授权他人处理事情的人，一定要注意下列3件事：

①日常的人际关系；

②课题等信息的共有；

③先取得对方的时间。

平常不论在公司里还是在外面，如果没有建立起足以委托对方帮忙处理工作的良好人际关系，一旦有需要时，对方也不太可能轻易答应。此外，当我们有任何困难时，只要事先与他人共有信息，就能在引发真正的问题之前，得到他人的协助。

最后，如果工作上真的遭遇瓶颈，就将状况说清楚，设法取得对方的时间。

“我目前因为处理投诉忙得焦头烂额，说不定明天一大早得拜托你帮忙处理事务性工作，可以吗？”只要采取这种低姿态，预约对方的时间就行了。

积极的延后值得推荐

由于延后一词给人一种负面的感觉，难免让人怀疑这样真的好吗?

但我真正想说的是，与其在工作上遇到瓶颈而动弹不得，不如“堂堂正正地延后处理”来得有效!

在举办“时间管理术”演讲会时，原则上会主张延后处理只会带来危害，但在此为提升行动力，有必要说明“延后活用术”的好处。

其实延后也存在优点。

延后处理时，工作执行上的期限会很快到来，等于是在逼自己陷入不得不处理的状况，此时的紧张感与专注力都会比平常还高。

这种情形就和学生时期明明有整整1个月的暑假，却一再将暑假作业往后延，直到要开学前才一口气写完习题一样。

将事情延后处理，确实会让人很不安，但这样做不仅能提高专注力，也能节省许多精力，从而去选择更有效率的方法来处理事情，而得到一石二鸟的双重效果。换句话说，就是利用不安的情绪反动来得到专注力。

我把桌上的时钟和枕头旁的闹钟，都拨快了5分钟，目的是要让自己瞬间以为“完蛋了！要迟到了！”“不妙了！提交期限就快到了！”利用这种紧张感来提高专注力。

换句话说，“延后 = 危害”并非绝对，有时刻意将事情延后处理，反而能有效提高专注力。

不过延后毕竟会伴随一定的风险，所以一定要以每一项工作为单位，仔细抓好时间，并只限定在行动遭遇瓶颈时才作为例外采用。

关于这种延后的做法，《决定：瞬间判断一切的简单技法》（日本钻石社出版）的作者史蒂夫·麦克拉齐，就在书中如此描述：

不是在时间快到时才全力以赴，而是在自己决定该全力以赴的时候全力以赴，至于在时间还没到前可以不必全力以赴的事，就留给不重要的课题吧。

你也来制作分类备忘纸看看吧！首先准备好备忘纸，再将备忘纸横放，然后在纸张上画2条直线，分成3个区块。接着从左边依序将你决定不做的工作，分类成舍弃、授权、延后等项目。

诀窍在于不要一下就做分类，应该先将“不做的事”全部写在另一张备忘纸上，就可顺利做好作业。只要写在便利贴上，事后会比较容易拣选进3个区块。

此外，若能事先与团队里的小组共有这项信息，一旦行动遇到瓶颈时，就能快速得到周遭人的理解，甚至得到大家的支持。

作业 为避免紧抱工作不放，将舍弃、授权、延后做分类！

在头脑里进行分类时的提问

Q.在不做的工作里，有什么是舍弃的工作、授权的工作、延后的工作？

Q.目前应该对哪边采用减法？应专注在哪边？

舍弃	授权	延后
□	□	□
□	□	□
□	□	□

第4章

瞬间整理清楚的信息分类法

信息篇

1 提速阅读整理术

——【要点、实践】

活用书中知识的实践备忘纸①——写出20字摘要

当你阅读完书后，你会如何活用书中学来的知识?

若是小说，或许看完就算了，若是商业书，当然希望能活用在自己的工作中。

这种时候最推荐制作整理书中内容的实践备忘纸。

难得学来的知识，若无法应用在行动上，就会变成单纯的学到了一课，隔天开始也会逐渐忘掉这个知识。

学习的知识若没有以应用为前提，就没有学习的意义。所以若无法应用这个知识，就会变成单纯的学习狂。

其实不只是看书，阅读会议议事录或事业计划书时也是一样，只要学习到任何知识，都应该当成信息储存起来，若想当场实践，就必须整理清楚以转换成行动。

在此以单纯阅读图书为例来说明。

看完书后，请立刻简洁地摘要出大致内容。

此时以写出20字左右为基准，而且可以从“这本书主要是在讲……”起头，慢慢回顾书中内容来写出20字。

若只有20字，事后要回想书中内容时，才有办法近似直觉地掌握其内容和意义。反过来说，因为只有20字，所以能排除核心内容以外的不重要事项，有助突显重点。若要更进一步追求极致，就以更简洁的“用一句话来说……”为起头。

以本书为例来说，看完后能摘要出什么样的内容?

这本书主要是在讲“为提高决断力与行动力所需的思考整理术提示集”（21字）。

活用书中知识的实践备忘纸②——选出7个关键字

接下来，要掌握具体写了哪些内容。

近年来，有些人会将看完书的感想写在自己的部落格里，或留言在Booklog等专门让人写读书心得的社群网站上。但这种方式虽然能让人自由发挥，却往往因为文章过长，让人整理起来很麻烦。

为解决这个问题，首先不妨把书中令人印象深刻的部分，选出7个关键字，诀窍在于不是选出整段文章，而是选出单字。

若是文章，内容会太长，若是单字，就能慢慢思考整段文章的意味，再从中选出最具有代表意义的单字来。

当然没有规定非得7个不可，只是就心理学家发表的研究结果来看，人类容易记忆的是“魔术数字7（＋－2）”，所以才依照这个法则将基准定为7个。

完成这个选出单字的作业后，再从选出的7个关键字里，进一步严选出3个打算付诸实践的关键词。若想全部实践前面选出的7个关键字项目，一定会很辛苦，所以才要从中再严选出3个更重要的项目。

活用书中知识的实践备忘纸③——写出行动项目

前面的作业，只是将关键、重点选出来做摘要而已。

接下来，才要进入实践阶段，所以要针对严选出来的3个关键项目，写出具体行动项目，表明要如何实践。

这里所说的具体，就是前面提到过的婴儿学步设定。

由于必须达到不论谁看了都能理解，也有办法采取第一步行动的程度，所以不能是太难或太抽象的行动内容。

活用书中知识的实践备忘纸制作案例

书名《~~~~~》2015年4月25日
主要是在讲……“为提高决断力与行动力所需的思考整理术提示集”

要点	实践
（1）采用减法而不是加法	（3）分类备忘纸要用A4纸张
（2）整理思考能提高决断力	5分钟内将3张A4的纸和笔放进包包里
（3）分类备忘纸要用A4纸张	（5）先决定不做的事
（4）抽象内容也OK	本周三上班前花30分钟写在备忘纸上
（5）先决定不做的事	（7）一流的人懂得授权他人处理工作
（6）专注在能改变的事上	检视能授权出去的工作，在17时的会议上拜托A处理
（7）一流的人懂得授权他人处理工作	

以“检讨看看”为例来说，例如，“星期二中午前整理好备忘，再判断是否是可行的结论”等，必须是行动能被看见的内容。

让身体记住习得知识的方法

其实我的技巧根基，就是因为这种实践备忘纸而得以确立。虽然我在26岁时成为企业管理咨询顾问，但有4年的时间都没有什么工作机会，几乎养活不了自己。由于我并非从咨询顾问公司独立出来创业，完全是自己赤手空拳打天下，所以当然没有足够的技巧，于是我开始大量阅读专业书。

光是阅读根本记不住，所以我开始制作实践备忘纸，决定将所有理论化为实际行动。

我只要看了书，就会制作实践备忘纸，将行动项目写出来，并一边请同为企业管理咨询顾问的前辈分我一些工作做，透过OJT方式学习实务。若说这段时间制作的实践备忘纸成为我往后人生的莫大支柱，真是一点也不为过。

由于我是以实践为前提，所以不只是专业书，就连会议议事录和企划书，我都以相同方式制作备忘纸，并随身携带，有机会就立刻实践，后来这些技巧全部被累积在我身体里，而不是脑子里。

书不该看完后就没有后续动作，信息也不该看过后只是放在脑子里，应该重新整理成能让自己采取行动的方式。就这层意义来说，整理能力或许将成为实践与交出成果的关键。

简单地说，这里存在一个“整理能力＝摘要能力×实践能力”的公式。

这也代表学习来的信息可依序分类为下列3项：

①简洁地摘要内容（主要是在讲／用一句话来说）；

②选出7个印象深刻的关键字；

③进一步严选出3个更重要的关键字，并制作行动计划。

我自己不定期会举办读书会，每次都会利用这个整理法，与前来参加的人共享书的内容。

你也来制作分类备忘纸看看吧！首先准备好备忘纸，再将备忘纸横放，然后在最上面写上书或数据的标题与日期，第二行写出简洁的摘要。

接着在纸张正中间画一条直线，左边写学习到的信息中，让你印象深刻的7个关键字，右边写下进一步严选出来，让你觉得特别重要的3个关键字，并写进行动计划里。

诀窍在于用三色笔来区分各自的内容，这样有助于你一目了然。例如7个关键字用黑色笔来写，进一步严选的3个关键字用红色笔来写，行动计划则用蓝色笔来写。

作业　要将学来的知识付诸实践，就要将“要点”与“实践”做分类！

在头脑里进行分类时的提问

Q.在学来的信息中，有哪7个让你印象深刻的关键字？

Q.进一步严选时，有哪3个关键字更重要？

Q.这3个关键字要如何列进行动计划里？

书的标题《～～～～～～》　　年　月　日

主要是在讲“　　　　　　　　　　”

2 | 立体式整理法
——【鸟眼、虫眼、鱼眼】

3个掌握现况必要的“观点收纳箱”

“预计今后的银发族市场将越来越大，所以想锁定老年族群，推出与健康有关的事业。”

这是我在提供商业咨询服务时，最常碰到的主题，而且通常这样的企业客户，都会依据这个主题组成执行小组，然后大量搜集相关的信息。

但不论他们花多少时间，最终还是看不到老年人的健康市场实际状态，尽管他们一开始就明确列出必须实践的项目。

于是他们一定都会问我这个问题：

我们应该持续搜集信息到什么时候才对？我们其实不是很清楚

该搜集的信息范围，所以对目前在做的事，也看不到目标。

若用一句话来简单形容他们这种情形，就是滥搜信息。

信息不该学到后才要开始整理，应该在学习之前就先准备好整理用的收纳箱（运作机制）。

要依循这个原则进行，必须先思考要事先准备好什么样的观点收纳箱。

为掌握现况必要的观点收纳箱只有3个。

那就是：“鸟眼”“虫眼”“鱼眼”。

“鸟眼”是指像鸟飞在天空一样，以较高位置俯瞰整体的观点，等于是“见树不见林”里的“林”，也可说是宏观观点。

尤其是管理者，都应该拥有更大格局的世界观，以此来掌握事情全貌，做出正确的决定。若比喻为战争，绝不能只看见局部战况，否则会无法得知整体战况与敌人的变化，所以这是绝对必要的观点。

从商业角度来说，经济环境、市场性、业界构造等，都属于这个范畴。

“虫眼”是指像爬在地面的小昆虫一样，以较低位置捕捉事情的观点，能看见飞在天空里的鸟所看不见的细节部分，等于是“见树不见林”里的“树”，也可说是微观观点。

或许有些管理阶层会认为，这种细节部分应该由站在第一线执行的下属负责，自己只要以“鸟眼”来捕捉事情就好，但其实不能一言以蔽之。

在今日这种产品功能与价格都差距不大的成熟社会里，细节部分反而成为吸引客户或让客户远离的关键，绝对不能小看。

从商业角度来说，指的是掌握客户的特征与购买的决定过程等具体状况。“虫眼”如字面意义般，着重的是像昆虫一样狭隘但深远的观点。

“鱼眼”是指像游在河里的鱼一样，虽然看不见河川的流向，却能用全身感受到河川在流动，也就是懂得读取流行走向的观点。

身为管理阶层，必须快速读取时代与市场的动向，再指示下属应往哪个方向前进。不仅如此，要在哪个时机点上、做出什么样的决断，将大大左右最后的成果。

是要让时代动向站在自己这一边，还是被时代动向推着走，就看你是否拥有“鱼眼”。懂得读取时代动向的人，才能比竞争对手公司早一步取得先机，所以除了“鸟眼”和“虫眼”外，也必须拥有“鱼眼”。

也能用来整理人物信息的立体式整理法

站在商业观点分析信息并加以整理时，所需的收纳箱有SWOT分析与3C分析等经营架构（骨架）。

最近已经有越来越多人开始明白这些字眼所代表的意义与意思，只是还不太明白应该用在哪里、什么时候用。

先前提到的执行小组成员，因为在员工研修时学过经营架构的概念，所以都拥有相关的知识，只是因为不懂得如何应用，才会遭遇瓶颈。

不妨先将感觉很难的“经营架构”收纳箱暂放一旁，先利用前述的“鸟眼（宏观观点）”“虫眼（微观观点）”“鱼眼（掌握整体动向观点）”，就能简单又快速地整理好想知道的信息。

这3个观点能分别从3个方向没有遗漏、没有重复地网罗整理信息，可以说是一种立体式整理法。

如何解读麦当劳现况

最近不论在美国还是在日本，媒体纷纷报导麦当劳业绩恶化的新闻。麦当劳究竟陷入了什么窘境？就用立体整理法来整理看看这些信息。

用“鸟眼”来看会发现，麦当劳不再以单纯的汉堡店为主，而是以咖啡为主，跨业界地和星巴克等咖啡连锁店及超商在争夺客户。

用“虫眼”来看会发现，除了原有的便宜、方便因素外，现在的客户还开始重视健康及用餐舒适度等心理方面的附加价值。

用“鱼眼”来看会发现，如同百货公司逐渐式微、专卖店开始窜起一般，这种舍弃综合化改走专业化的时代风向，也吹进汉堡店。

事实上，在美国许多汉堡店开始提供客制化汉堡服务，尽管价格比较高，营收还是比前1年增加了3成左右，而采用健康食材制作的健康取向汉堡专卖店，也都有所成长，这显示专业化的时代已经来临。

由此可见，不能只是漫无目的地滥搜信息，应该使用有3个收纳箱的立体整理法来分类信息，如此才有办法快速掌握现况。

分色更能看清楚

你也来制作分类备忘纸看看吧！首先准备好备忘纸，再将备忘纸横放，然后在纸张上画2条直线，分类成3个区块。

接着将你要处理的课题信息，依序从左边以“鸟眼”“虫眼”“鱼眼”做分类。

诀窍在于利用便利贴。只要从搜集来的信息中选出关键字，然后写在便利贴上，事后会比较容易整理。因为不同于一般的整理，通常整理信息时，数量都很庞大。

此外，3个观点若能分别用3种不同颜色的便利贴来分类会更有效果。例如，“鸟眼”用黄色、“虫眼”用粉红色、“鱼眼”用蓝色等。

作业　要用三个观点来分析信息，就要将“鸟眼”“虫眼”“鱼眼”做分类！

在头脑里进行分类时的提问

Q.将搜集来的信息用“鸟眼”“虫眼”“鱼眼”做分类时，会有什么样的内容？

Q.目前应该对哪边采用减法？应专注在哪边？

Q.仔细观察这3个区块，能看出什么结果？

鸟眼	虫眼	鱼眼
□	□	□
□	□	□
□	□	□

3 多角度解读商业活动

——【“鸟眼”：客户、自己公司、竞合】

战胜商场所需的信息观点

“战略是一种努力的结晶，目的是要用自己公司的强项来满足客户需求，以达到比其他竞争公司更有利的差异化。”①

这是企业管理咨询顾问大前研一说过的话，虽然是他在20世纪70年代所提倡的战略定义，但仍适用在今日，一点也不违和。

这个定义其实也在力主要拟定战略就必须站在客户需求、自己公司的强项、竞争公司这3个观点，来分析与整理信息的必要性。

---

① 大前研一．企业参谋 [M]．日本：PRESIDENT 出版社

这3个观点等于前面所说的“鸟眼”。

不论个人还是企业，总会有许多场合必须拟定确实的战略，虽然在拟定战略前会先搜集信息作为材料使用，但这些信息如果没有整理清楚，就无法支持使用者精准拟出有效的战略。

所以，应该多活用这3个观点，而且要在拟定战略之前就先准备好收纳箱，以收纳从这3个观点得来的信息。

信息分类法决定战略拟定力

以“整理信息”为题演讲时，我常对听众提出这样的问题：

假设你打算开一家拉面店，那么这时你觉得必须拥有哪些信息才行？

此时多数人会回答确认有无待租的空店面、确认租金多少、调查附近的竞争对手店、决定客群等，都是一般人最容易想到的项目，当然也都是正确答案。

这样的回答完全没有问题，重点是在说出这个答案之前的过程。

通常我都会让听众两人一组来回答这个问题，结果有些小组能在3分钟内回答，虽然答案不到10个，但都是经过整理的状态，另一方面也有某些小组整整花了10分钟以上才回答，但答案多达50个以上。

究竟哪一边的小组，采用的方法比较好呢?

答案是前者。若单纯以数量来看，前者不到10个，明显比后者差很多，若真的要开店，恐怕略嫌少了一些。

但最大的重点在于经过整理。

因为到时若真的遇到不知该从何着手的状况，或根本没有什么技术时，即使自己没有很努力，只要多向他人请教就行了。反而是是否能拥有一开头所说的客户需求、自己公司的强项、竞争公司这3个观点，来分类信息以拟定战略，才是成败的关键。

拟定战略所需的信息整理案例

（例）开拉面店时的信息整理

客户需求	自己公司的强项	竞争
● 女性也想一人进来享用 ● 清爽口味较受欢迎 ● 想花点时间慢慢吃	● 有很多口味清爽的菜色 ● 女性员工很多 ● 日式装潢	● 半径100m 内有3家店 ● 汤头浓郁的沾酱面 ● 没有排长龙店，都是男客。

若只是先思考再说、先大量搜集信息再说，通常很难交得出成果，因为整理者将“战略拟定力 = 信息分类能力”。

只要事先准备好3个信息收纳箱，就不会胡乱搜集泛滥的信息，甚至能实现“学习 = 立刻收纳”的境地，当然也能因此拟定战略，大大提高时间效率。

对解读新闻与资料也有很大效果

这3个收纳箱不只对拟定战略很有效，也能用来解读新闻和资料。

2015年3月17日，电玩业界出现了一个重大消息，任天堂竟然和DeNA结盟合作。任天堂在智能型手机的电玩游戏（手游）市场上，一向比较弱，所以这个结盟让人纷纷猜测，任天堂是否终于打算抢进手游市场了？另一方面，DeNA则是因为可以利用任天堂的玛利欧等知名人物研发新游戏，才决定这项资本合作案的。

那么在此问你一个问题：

如果你是任天堂的员工，你会如何分析状况，得出这个应该合作的结论？请将信息分类为3个观点，并进行解读。

如果是你，你会如何思考？纯为假设也没关系，务必思考看看。

不论整理出的结果如何，毕竟只是假设，是一种个人的想象，大概都会引来正反两面的意见，重要的是要从哪个切入点来做分类。

容我再重述一遍，要拟定能交出成果的战略，必须用3个观点来分类信息，这也是一切作业的基础。

解读新闻与资料所需的信息整理案例

（例）任天堂的现况信息整理

客户需求	自己公司的强项	竞争
● 只需手机不需专用终端机 ● 也想玩免费游戏 ● 对Wii 之类的体验型游戏已经腻了	● 软件与硬件的研发能力 ● 玛利欧等智慧财产 ● 低年龄层的客群很稳	● 其他网络社群游戏公司 ● LINE 的简单游戏很有人气 ● 高性能的Play Station

“客户需求”“自己公司的强项”“竞争公司”的英文分别是Customer、Company、Competitor，因此我取这3个英文字母的开头，称为“3C分析”。

为帮助自己容易想起，我也从这3个观点“客户”“自己公司”“竞争公司”中，各取第一个字母，称为“客·自·竞观点”。

不过最近这3个观点的分类法，似乎变得越来越难，必须多加注意。

例如，以智能型手机市场来说，iPhone的苹果和Galaxy的三星是竞争对手，但因为三星还负责提供零件给苹果，所以苹果等于是三星的客户。

此外，食品制造厂商（全国知名大厂）与超商的私有品牌产品，虽然也是彼此竞争，但仍有部分产品在共同研发，等于是伙伴。

而谷歌和苹果虽然都是IT企业的龙头老大，但曾几何时他们也开始研发电动车与自动驾驶技术了，明显要正式进军汽车产业呀。就这一点来说，对于自己公司的强项与存在，恐怕无法再用以往的观点来定义了。

显然不能再强硬分类成3个收纳箱，而是必须考虑最新的信息，再一个一个细查内容来分类。

你也来制作分类备忘纸看看吧！首先准备好备忘纸，再将备忘纸横放，然后在纸张上画2条直线，分类成3个区块。接着将你要处理的课题信息，依序从左边以客户需求、自己公司的强项、竞争公司做分类。

诀窍在于从搜集来的信息中选出关键字，并写在便利贴上，这样会比较方便查询。因为不同于一般的整理，通常整理信息时，数量都很庞大。此外，3个观点若能分别用3种不同颜色的便利贴来分类，会更有效果。

客户用黄色笔，自己公司用粉红色笔，竞争用蓝色笔等。

不过不能只是单纯做分类就结束了，应该试着写出“从整理好的信息里能看到什么？”“能拟定什么样的战略？”等结论。

作业　要将学来的知识付诸实践，就要将要点与实践做分类！

在头脑里进行分类时的提问

Q.将搜集来的信息用客户、自己公司、竞争做分类时，会有什么样的内容？

Q.目前应该对哪边采用减法？应专注在哪边？

Q.仔细观察这3个区块，能得出什么结论？能拟定什么样的战略？

客户	自己公司	竞争
□	□	□
□	□	□
□	□	□

4 微观观点的重要精髓

——【“虫眼”：What, How, Why】

客户观点的寻找法

信息除了要以较大的观点来俯瞰整体外，往往也要以狭隘却深远的观点来看，才有办法看出整个实际状况，因此必须拥有先前提到的“虫眼”。

例如，在工作上大家都会说要站在客户的立场来思考，但实际上要怎么做才能站在客户的立场思考，与客户拥有同样的心情?

最简单的做法就是去到现场仔细观察该对象，就是这么简单!

我曾协助某电机大厂执行研发新终端机的项目。当时开会时，桌上放了一堆从调查公司买来的厚重报告，而在仔细翻阅事业计划书时，我发现不但有精准的市场分析，也有具体的战略方案。可惜偏偏没有鲜明的市场性与目标客群，虽然罗列了浅显易懂的理论，但就是无法给人实际的感觉。果不其然，当我提问后，他们就回答我：“纸上谈兵想出来的目标客群，到底是不是真的存在，我们自己也没有自信。”

他们锁定的目标客群是30多岁的女性，我便带着项目小组成员一起到30多岁女性较常出现的表参道去视察。虽然说是视察，其实只是从早到晚坐着边喝茶、边观察来往行人而已。我们当然有事先准备好3个收纳箱，以方便搜集什么样的行人会采取什么行动的信息。

这3个收纳箱就是：什么（What）、如何（How）、为什么（Why）。

这个时候不需要很难的经营架构，也不需要什么道理，只需仔细观察锁定的目标客群，并将得来的信息全部分类放进这3个收纳箱就行了。

我让所有项目小组成员写备忘纸，将所有在意的事全分类成这3个，结果和他们纸上谈兵推出的结论一致，证明这个纸上谈兵的内容是有效的。

三现主义应准备的分类箱

多数人明白站在客户的观点思考与实际去现场看的重要性。

但往往因为败给好麻烦的心理，最后只好依据网站上充斥的信息，擅自决定客户的需求与目标客群。

有一个词叫三现主义，三现是指现场、现物、现实。促使丰田采用广告牌方式的大野耐一，在他的著作《追求超脱规模的经营》（中卫出版）里，就力主三现比数据还重要。

这个主张不仅限用在工作上，例如你是否也有过这种经历，为了租房子通过房产中介或广告单看到屋内隔间图，基本上觉得还不错，但实际去看房子时，却发现落差很大？或参加联谊时，事前看过主办单位提供的参加者照片，但实际看到本人后，却发现简直像变了个人似的？

由此可见三现主义有多重要！

用三现来观察、听取、记录的情形，又称为田野调查。当然不是指只要去现场，或只要观察并听取就行了。容我不厌其烦地再说一遍，唯有将得到的信息依什么（What）、如何（How）、为什么（Why）分类并解读，才是最重要的事。

《决定未来的十种人》（汤姆·凯利著，大块文化出版）一书中，就介绍了因三现主义而获得成果的有趣案例。

假设你是一名企业管理咨询顾问，如果有客户要求你帮忙提高地铁站里的自动售卖机营收时，你会怎么做？

该书介绍了仔细观察乘客，将信息分类成3项后，果真提高营收的实际案例。

正确答案是：在自动售卖机上面设置时钟。

“三现主义”要用WHW 来分类

什么（What）	如何（How）	为什么（Why）
站在月台上东张西望	看了一下自动贩卖机后再看表，接着确认电车是否快来了	担心会来不及搭上电车的心理

因为在仔细观察乘客们的行为后，发现存在某一个法则，那就是在电车到达前几分钟，站在月台上的乘客很习惯不断转过头来看一下自动售卖机，然后再看看自己的手表，接着又转头回来看电车是否快来了。换句话说，仔细观察后发现乘客们其实心里在想“好想喝个饮料，又担心电车会在这个时候进站”，所以设

置时钟后，才真的提高了营收。

乔布斯的“虫眼”

据说苹果创办人史蒂夫·乔布斯，对站在客户立场研发产品的执着非比寻常。

有一次，有一名工程师来报告：“研发出可以让耳机顺利插入的iPhone耳机孔形状。”站在客户立场来说，能顺利将耳机插入耳机孔，当然是一件好事，所以乍看算是一则不错的报告。

但乔布斯却否决了那个耳机孔形状，他表示刻意让耳机插入耳机孔时，会有点卡卡的稍硬感才好。

理由是刻意让耳机有点不容易插进耳机孔里，才能在接上的那一瞬间，让使用者产生接下来要尽情沉浸在音乐世界里的意识。换句话说，作为转换心情的开关，他认为有点卡卡的状态是必要的，这也是他根据掌握到的客户的心理与表情，所整理而做出的决断。

只注意细节部分，有时会错过掌握全貌，但有时小小的变化也能促进莫大变化。

用“虫眼”来贯彻“三现主义”，已经是管理阶层必备的条件，但在此同时，懂得将信息做分类，以做出准确的状况分析，同样是很重要的事。

你也来制作分类备忘纸看看吧！首先准备好备忘纸，再将备忘纸横放，然后在最上面写下要搜集信息的对象物，接着在纸张上画2条直线，分类成3个区块。

之后将三现主义得来的信息，依序从左边以什么（What）、如何（How）、为什么（Why）做分类。

诀窍在于不能只是将信息做分类就结束，应该试着从中看出端倪来，并写出能拟定哪种战略等结论。

乔布斯对iPhone 耳机所拥有的“虫眼”

什么（What）	如何（How）	为什么（Why）
插进耳机孔	一开始虽然有点花时间，但插上后的表情会瞬间变化	能转换心情，明白接下来就要沉浸在音乐世界里

作业　要用微观观点来思考，就将什么（What）如何（How）、为什么（Why）做分类！

在头脑里进行分类时的提问

Q.将搜集来的信息用什么（What）、如何（How）、为什么（Why）做分类时，会有什么样的内容？

Q.仔细观察这3个内容，能得出什么结论？能拟定什么样的战略？

什么（What）	如何（How）	为什么（Why）
□	□	□
□	□	□
□	□	□

5 管理层的思考

——【“鱼眼”：过去、未来】

交出成果所需的信息搜集术

“接下来会流行什么样的东西”，要准确猜中这个答案并不容易；“接下来要推出什么样的战略才能有成果”，这同样不是一件简单的事。

所以，搜集信息的铁则，永远在于分析现况。

即使身处在复杂的世界，看不见未来，身为管理层，也必须是一个为下属指出方向的指南针。

究竟管理层要如何读取未来，以向下属指示方向？

简单地说，就是拥有前面提到的“鱼眼”，也就是要懂得仔细观察时代动向，而且不只要分析现况，更要从过去到现在的动向中，找出通往未来的道路。

在我的客户中，交出斐然成果的管理层，都会研究历史。

如同“历史会重演”这句话般，他们会回顾过去，试着从中找出是否有类似目前的状况，或伟人们当时如何判断，以及在过去的时代里，是否与现在有什么共通点等。

相较之下，迟迟交不出成果的管理层，都只是埋首在学习能立刻应用的技术以及单纯的现况分析。

换句话说，为交出成果所搜集的信息，重点不是为了分析现况，而是要搜集足以解读从过去到未来的动向所需的材料。

搜集过去的资料，然后与现在做比较，并确实分析当中的变化与动向，才能提供描绘未来愿景所需的提示。

读取时代动向

在思考如何展开新事业或推出新产品时，通常都会讨论“要展开哪种新事业”“要如何营销”，却很少会讨论“什么时候推出”“推出后市场环境会如何变化”等，有关时代动向的话题。

我的企业客户看到别家公司的畅销产品时，对话中常会提道："我们公司的产品明明比较好，为什么会卖不好？……"

别家公司会畅销的理由，除了质量之外，应该还有营销方式与宣传手法等其他因素。

但有时也会出现"与社会需求时机正好一致"的时代因素。

说得极端一点，即使内容不怎么样的产品，只要时机正好，就有可能热销；相反，不论产品本身有多好，若时机不对，就有可能完全卖不出去。

昔日曾掀起一股淋在白饭上的"吃的辣油"热潮，那是2009年时，桃屋推出"看似很辣其实不辣只是有点小辣的辣油"，在电视上做广告后，一下子点燃辣油风潮，后来别家公司也推出类似的辣油相关产品，同样卖得很不错。

但今非昔比，在本书出版的2015年，如果有厂商大肆宣传"我们研发出新产品'全世界淋在饭上最美味的辣油'"，恐怕也为时已晚，应该会很难卖出去。

以电视来说，今日、明日这种能立刻吸引社会注意的梗比较受欢迎；以出版图书来说，从企划到真正出书来卖，通常需要半年左右；若是要推出事业，尤其是要从零开始时，至少得花半年至一年时间准备，才有可能实际展开。

若不懂得思考依据不同的课题来解读时代，让时代站在自己这一边，就很难交出成果。

必须拥有“鱼眼”，懂得比较过去与现在，再预测未来可能发生的状况。一切都必须在时代的动向里思考。

比较过去与现在时的重点

不论如何思考未来，毕竟都是还没发生的事，所以不可能会有答案，但也不能因此只看着现在，否则很难有新发现。

为此有必要搜集并分类过去与现在的信息，比较前后来找出到底发生过什么事、原因在哪里、又有哪些共通点。

以20世纪80年代后期出现的泡沫经济为例来看。

虽然会有程度的差异，但一般认为平均每30年会出现一次泡沫经济，这到底是为什么?

深受泡沫经济破灭打击过的人，会努力不让自己再度陷入同样的惨况，但在岁月的流逝下，这些人会逐渐淡出舞台，取而代之的是没有经历过泡沫经济的族群，并成为经济活动的主流，在这种情况下，当然有可能再度出现泡沫经济。

既然经济活动的主流是每30年变换一次，表示泡沫经济的周期也是30年左右。

上一次在20世纪80年代后期出现的泡沫经济，在现今经过30年的2015年里，因为安倍经济学的加持，股价急速上扬，虽然因果关系还有待验证。①

同样的道理，车子的款式有方形流线型与圆形曲线型，据说平均会以7年为周期轮流引爆流行。②

另外，听我一位电视剧作家朋友表示，在电视业界里，素人谈恋爱的综艺节目，通常会以10年为周期大受欢迎。③

说到为什么过去与现在会存在共通点，或许是因为尽管时代的转动速度与前提条件不断在变，但人类的心理与生活方式本质上没什么改变的缘故。

当然是否一切都如这个周期般定期运作，那也很难说，毕竟现代经常会发生撼动世界的突发性事件。

讨论周期说与未来预测的好坏，并非本书的主要目的。

最重要的是必须拥有正确的态度，不只要搜集现在的信息，也要搜集过去的信息，再从中思考解决问题的对策及今后的展开。

---

① 池上彰．信息活用200%的池上彰新闻学校[M]．日本：朝日新书出版社．

② 黑川伊保子——冈田耕一．人为何7年就厌倦[M]．日本：中经出版社．

③ 石田章洋．一句定胜负[M]．日本：东贩出版社．

分类现在与过去能得到全新的启发

即使不讨论10年或30年的长期目标，思考方式也是一样。

例如，与1年前相比，畅销产品出现什么样的变化、价格下降了多少、客群是否有变化等，将现在与过去的信息做分类，通过比较前后来得到全新的启发。

简单地说，为描绘未来愿景，必须同时整理清楚过去与现在的信息。

你也来制作分类备忘纸看看吧！首先准备好备忘纸，再将备忘纸横放然后在纸张上画直线，左边写下目前处理的工作中过去的信息，右边写下现在的信息。

诀窍在于先决定好过去与现在的比较项目，再来搜集并整理两边的信息。

最后比较过去与现在，若出现落差，就思考造成落差的原因以及目前发生的问题的解决对策。

同时从过去与现在的比较中，推测今后可能发生的事。

作业 为正确分析现况，将过去与现在做分类！

在头脑里进行分类时的提问

Q.有什么应比较的项目？

Q.过去与现在的差异及原因在哪里？

Q.从过去到现在里，推测未来什么东西会有什么变化？

过去	现在
□	□
□	□
□	□

第5章

联结结果的分类思考法

商业篇

1 三种分类思考法
——【谁、什么、如何】

商业的基础工程都从打造3个根基开始

前面章节针对各种思考整理法做了一番说明，最后再来探讨能让事业成功的整理法。

我每年加起来会见到1000人以上的经营者、创业家、管理者等企业人士。

“业绩好的公司与业绩不怎么好的公司，以及能赚大钱的人与无法赚大钱的人，当中到底差别在哪里？”

这是我经常被问到的一个问题，而我也总是如此回答：

“完全看他们‘商业的基础工程是否稳固’”。

房屋也是一样，如果在进行基础工程时，没有确实打好根基，一旦发生地震，就有可能倒塌。同样的道理，商业上也要构筑成为大支柱的部分，如果只懂得追求流行，或只懂得模仿其他企业的做法，绝对不可能永续经营下去。

针对个人的情形来说，在学会技术之前，思考方式与身为一个人的存在方式会更重要。

那么基础工程所需的根基，又是什么？

那就是站在更大的观点上来整理商业重点。

尤其要站在“谁”“什么”“如何”这3个观点来整理战略，才是商业的基础工程。

不论是在思考营销方法时，还是在研发新产品时，或是确认经营状态时，都要使用“谁”“什么”“如何”这3个主轴。

“谁=市场、客户”“什么=产品、附加价值”“如何=提供方法”，所有商业架构都只有这3个。此时不需拥有MBA的知识，也不需艰深的经营架构，但若没有这个骨架，即使导入最新的经营理论或方法，也无法有效应用。

因为只要时代改变，往往就存在无法挥发功能的风险，而且什么时候要用哪种方法才好，这种活用的技术其实并不容易。

多数人的目标不是成为企业管理咨询顾问或分析家，所以要讨论高深的话题或新的理论之前，应该要彻底追寻如何提供（过去所提供）不变的“谁”“什么”“如何”。

急速成长的企业，这3个观点都很明确

利用新的切入点获得急速成长的公司，这3个观点都很明确。

例如，连锁专业剪发公司“QB HOUSE”，因为采取10分钟1000日元的低价格路线，急速扩展了事业版图。在创业20年后，展店达到500家左右，甚至进军到新加坡、中国台湾地区、中国香港地区等。

为什么能如此急速成长？理由不单纯是低价而已。

而是加入省去洗发、刮胡子、捶肩等服务，在10分钟内剪完头发的短时间附加价值。

因为只有剪发，提供了快又便宜的价值。

对上班族来说，10分钟就能剪完头发，表示不必在假日花时间去理发厅排队等候，只要利用平日午休时间去剪发就行了。

换句话说，此时的“谁”可以解读为想拥有更多充裕时间的忙碌上班族，“什么”可以解读为10分钟内花1000日元就能剪发，“如何”则解读为省去洗发和刮胡子等一般理发厅视为理所当然的程序，只提供最低底线的必要服务。

用 3 个观点来研究这家公司

〈例〉QB HOUSE

谁	什么	如何
没有时间的上班族 ➡	10 分钟1000 日元、只有剪发 ➡	省去洗头与刮胡子等服务项目

换到不同的业界，以历史悠久的汉堡店来看又如何？

最常被比较的就是摩斯汉堡和麦当劳，同样拥有明确的3个观点。

在此以摩斯汉堡的观点来思考看看。

“谁”是指想待在咖啡厅形态的店里，舒服地享受轻食的人（基本上以大人为主），“什么”是指重视国产食材口味的汉堡，“如何”是指为在保持鲜度的状态下提供汉堡，所以采用点餐后再开始做的方式，商业战略非常明确。

相较之下，麦当劳的做法又是如何？

昔日“谁”是指家庭，锁定庞大的客群，“什么”是指能轻松吃到便宜的汉堡，“如何”是指采取尽快提供产品的策略。

但是，麦当劳现在因为业绩恶化在不断挣扎，若从这3个观点来看，显然以往的胜利方程式与这3个观点之间，已经出现矛盾。

尤其在混入异物事件的影响下，让家里有小孩的家庭客群敬而远之，而且最近也没有出现便宜又美味的畅销产品，加上原本推出“ENJOY!60秒服务”活动，企图引进60秒内提供餐点的快速服务来吸引客户，却反而降低了客户的满意度。

如果不重新检视原有的胜利方程式，并用这3个观点来重新架构，想要起死回生只怕不容易。

用 3 个观点来研究这家公司

〈例〉摩斯汉堡

谁	什么	如何
喜欢咖啡厅型态的大人。➡	重视口味，坚持提供国产食材的汉堡。➡	点餐后再开始做。

营收不振的原因，有9成出在这3个观点

不论要展开新事业，还是要确认战略，都必须用这3个观点来整理选项。

企业客户端常出现这样的谈话内容。

例如，明明推出超值产品，却卖得不好时，营业员往往会怀疑：“是不是宣传方式有问题？”或质疑：“会不会是产品质量比其他公司差？”他们完全不检讨自己应负责的部分，只顾着指责其他人负责的部分。

但产品卖不出去，原因不会只有一个，即使责任比重会有不同，但基本上都会同时存在几个原因。

所以，要以3个观点来分析现况，同时做分类来俯瞰整体，并进一步确认“谁～如何”的一连串过程是否具有一贯性。

我曾经给某电机大厂提供关于战略上的咨询服务，后来在项目执行结束后，部门经理告诉我这样一段话：

铃木先生的建议每次都一样，有时会让我觉得很无趣，因为你每次都会问“谁”“什么”“如何”，但就结果来说，每次只要以这个为基础来思考，总是能建构起战略基础，进而掌握到提升业绩的契机。

他的这番话，我永远也不会忘记。

追求3个观点到非凡境界

这个理论不只适用在思考事业战略时，也适用在阅读报纸时。

例如，只要看到谷歌推出新服务时，只要用“谁”“什么”“如何”这3个观点来整理信息，就能快速掌握全貌。

甚至也能应用在向客户做简报或换工作时的面试等场合。

因为只要确实传达“谁”“什么”“如何”，要检讨谈判或面试是否朝向有利方向发展时，都会很有效。

昔日美国石油大王洛克菲勒，曾留下这样一句话：

将平凡工作做到非凡的境界。

追求这3个观点到非凡境界时，工作自然会出现成果。

你也来制作分类备忘纸看看吧！首先准备好备忘纸，再将备忘纸横放，然后在最上面写下要整理的对象，例如，A产品的战略是什么、目前的营销方法对吗等。

接着在纸张上画2条直线，分成3个区块，并依序从左边写下“谁”“什么”“如何”的分类内容。

诀窍在于透过这3个观点，确认整体是否拥有一贯性。

作业 为拟定商业战略，将“谁”“什么”“如何”做分类！

在头脑里进行分类时的提问

Q.将战略分类为“谁”“什么”“如何”时，会是什么样的内容？

Q.哪一点下的力道不足？这三点是否有一贯性？

Q.目前应该对哪边采用减法？应专注在哪边？

谁	什么	如何
□	□	□
□	□	□
□	□	□

2 优衣库品质变好了
——【产品、价格、通路、宣传】

让企业战略变明确的4个观点

完成商业的基础工程后，接下来就要思考如何具体展开事业。

此时应思考的重点是产品、价格、通路、宣传这4个观点。

许多公司会让相关部门的成员交换意见，并就彼此的信息与战略案进行检讨，但通常还是无法有效整合各方意见，原因在于成员之间分工不同，形成的意见也不同，很难统一。

这个时候如果有厉害的引导者（主导会议进行的主持人）在也许还好，但也不可能永远依赖引导者。

所以，为容易整理各方的意见，必须采用4个观点来展开讨论。此外，脑袋里满满都是想做的事的创业家，通常会将构想分类在纸上，同时整理展开事业的方法。

用4个观点来分析优衣库的企业战略

目前扩大事业版图的公司，在战略上都拥有这4个明确的观点。

在此将优衣库的基本战略分类为4个观点分析。

产品方面，有极寒天气里也能穿得暖的发热服，以及夏天时穿起来通风又吸汗的轻盈凉感服等，重视功能的内衣裤与一般衣服，不像追求流行的ZARA和H&M，采取将基本款休闲服特化的战略。

价格方面，设定让人比较容易购买的价格，2990~3990日元。

通路方面，原本采取路旁型经营，店面都设在干线道路旁，而且都有停车场，但现在已经走入购物中心，甚至在车站里开设小型店面，采取大型店与小型店并进的双重经营方式。

宣传方面，会在周末的报纸里夹广告，加强消费者的印象，同时利用CM诉求产品的功能性。

由此可见，优衣库并没有追求奇特的战略，只是单纯追求这4个观点。

用 4 个观点来分析优衣库的事业战略

产品	价格	通路	宣传
重视高功能性的产品	以2990～3900日元为主	● 路旁型 ● 购物中心 ● 小型店	● 周末报纸夹广告 ● 诉求功能的CM

4P之后再多一个分类

这4个战略观点，在商业上被称为市场营销的4P，分别为英文的Product（产品）、Price（价格）、Place（通路）、Promotion（宣传）。或许你会觉得：我听过4P，这个我知道！

因为这是企业研修与商业书里，常常提到的架构（思考骨架）的一环。

但先别这么快跳过，和我一起稍微探讨一下吧！

重要的是，并非只要将战略选项分类为这4个来思考就一定能提高业绩。就连优衣库也不是单纯因为4P非常明确，才让业绩变这么好，而是更进一步多做了一个分类的缘故。

关键就在于将重点放在4P中的其中1个上。

今天优衣库的产品因为功能性而受到支持，但在20世纪90年代，买优衣库的产品被视为一种耻辱（甚至出现“UNI曝光”一词，用来揶揄买优衣库产品被发现时的丢脸心情）。因为当时其质量极差，不但缝制技术很烂，还几乎天天上演穿一下就脱线的情形。

于是在1995年时，优衣库推出前所未有的“说优衣库坏话就有百万日元”活动，并在全国性的报纸与周刊上刊登一整面广告，试图搜集客户的声音，结果发现大多数人在批评“质量差到不行”。柳井社长后来在他的著作《一胜九败》（天下杂志出版）里，回顾了当时的情形：

收到的“坏话”将近10000封，而且几乎都是在抱怨质量。例如，“我买了1900日元上下成套的运动服，才洗1次就脱线了，我绝不会再去买”等，让我越看心情越低落。不过这些批评，对我们了解自己当时的产品水平，有很大的帮助。

后来，他在商业杂志访谈中提道：“其实我们早就隐约注意到，质量可能是我们的经营课题，但直到举办那个活动，才真正把我们打醒！”之后优衣库就将经营主轴定为“质量绝对主义”。

在急速成长的过程中，媒体报道往往只将焦点放在低价格上，认为企业是促进通货紧缩的元凶，但实际上战略重点并不在价格上，而是在产品上。

软件银行在手机事业方面，是将4个战略进一步分类后，将重点放在价格上而获得成功的企业。

2006年，推出名为“预想外”的优惠费率方案，引爆话题并掀起“0日元”活动的开打，不但发短信完全免费，打电话时只要是软件银行的用户，就能享受在特定时间里网内互打免费，只有网外互打才需要付费的战略。

不仅如此，软件银行还进一步下功夫设计，让用户在拨打电话后，在对方接听之前，加入“滋滋滋……滋滋滋……”的信号声，提供用户快速判断对方是否同为软件银行的用户。透过这些努力，让一向很在意价格的年轻人，开始纷纷加入软件银行，这也是他们能急速成长，变成今日这样的大规模企业的理由。

换言之，在分类为4个战略后，进一步分类出重点领域，再打出浅显易懂的策略，让客户能清楚明白企业提供的价值，才是制胜的关键。

分类战略还能激发灵感

不仅如此，利用4个重点来分类战略时，不仅能从中锁定更重要的重点，有时甚至能激发出灵感来。

例如，将4个战略选项列为纵轴，将客群A～C列为横轴时，就能将客群别战略一览化以利进行思考。

甚至能用来验证既有事业的战略是否正确，所以这项分类为4个重点的作业，在商业上具有很大的意义。

将4P活用在个人经历战略上的方法

或许有人会认为：“我又不是经营者，这种和经营有关的高深话题与我无关！”

但其实这种分类法，不是只有经营者才适用。

假设你为了提升经历，目前正考虑换工作。

此时用4P来思考战略，会是什么情形？

◎产品＝自己的专业性、技术、实际成绩

◎价格＝期望的年收入与市场价值

◎通路＝经由人才中介公司、猎头公司

◎宣传＝自己的理念、宣传口号、自传

只要用4个观点来分类，就能如此思考自己的经历战略。

就连阅读报纸时也能如此应用，例如，看到苹果手表开始售卖的消息时，可以将信息整理成这4个观点，同时进行解读。

像这种整理成4个观点的做法，基本上可活用在各种场合里。

你也来制作分类备忘纸看看吧！首先准备好备忘纸，再将备忘纸横放，然后在最上面写下要检讨的战略主题，例如，“新产品A的事业展开方法是什么？”“阻止业绩继续恶化的V型复苏法是什么？”等。

接着在纸张上画3条直线，分成4个区块，并依序从左边写下产品、价格、通路、宣传的分类内容。

诀窍在于透过这4个观点，确认整体是否拥有一贯性，最后再分类为最重要的战略与其他。

分类后的战略核心主轴与战略前的作业顺序

战略前的作业顺序	分类后的战略核心主轴
（1）灵感、战略选项 ⬇ 分类为“4个战略观点” （2）“4个战略观点” ⬇ 分类为“战略核心主轴”与“其他”	● 优衣库＝产品：高功能质量 ● 软件银行＝价格：¥0活动

作业　为磨亮战略与灵感，将产品、价格、通路、宣传做分类

在头脑里进行分类时的提问

Q.将战略灵感与现况分类为4个观点时，会是什么内容？

Q.哪一点下的力道不足？这4点是否有一贯性？

Q.目前应该对哪边采用减法？应专注在哪边？

产品	价格	通路	宣传
□	□	□	□
□	□	□	□
□	□	□	□

3 给营收做乘法

——【新客户、回流率、客单价】

不受景气影响照样提升业绩的公司秘密

日本从2014年4月起，消费税从5%提高为8%，预计2017年4月时，还会提高为10%，因此从2013年开始，我就经常以如何因应增税为主题，受邀对经营者演讲。日本国内除了增加税收的问题外，还存在人口减少的问题，导致市场环境越来越艰难。

但其实应该冷静地想想："以往在遭到提高消费税与通货紧缩的时代里，还是有企业不受影响的继续提升业绩，这到底是为什么？"

这也是我每次都会对听众提出的问题。

唯一可以断言的是，除了开拓新客户之外，也懂得在其他方面灌注力量的企业，都是根基稳固的企业。

许多公司脑海里就是挥不去"提高营收 = 增加新客户"的构

图，但就日本国内来说，增加税收与人口减少俨然是不可逆的趋势，换个方式来说，已经不得不以“新客户不会再增加”为前提来思考事业环境了。

既然如此，除了开拓新客户之外，当然得同时灌注力量在其他方面，那么究竟还有什么地方可以灌注力量？

单纯来看，营收表面上是由客数×单价所决定，但若严格分析，其实是由新客户×回流率×客单价所决定。换句话说，必须用这3个观点来思考事业，所以有必要将力量灌注在提高回流率与客单价上。

将营收增加策略分类成3个观点后就急速成长

在我的企业客户中，有专门提供维修住宅设备的维修企业。

刚认识时，这家公司年营收只有8亿日元，但后来在短短3年内，急速成长为年营收超过20亿日元的公司。在通货紧缩的不景气时代里，对企业来说确实是很艰难的环境，尽管如此，这家公司还是办到了。在购买意愿低下的经济环境里，这家公司到底做了什么，能够让年营收在3年内增长2倍以上？

这家公司的社长，一向是以靠营销能力让公司急速成长的实力派社长，因为成功开拓新客户让他很有快感，所以他始终将开拓新客户列为经营核心。他会认识我，就是因为经济开始不景气，公司业绩也因此开始遭遇瓶颈的缘故。

于是我请他先将提升业绩的指标分类为3个观点，除了原有的新客户外，当然就是前面提到的回流率与客单价。

接着再请他针对分类出来的每个项目，一一列出执行的方法。以回流率来说，除了原有的定期发送DM和刊登电子杂志外，还加入举办料理教室、与客户一起研发产品、设立会员制等方法。在客单价方面，则提议便宜产品与高价产品的搭售方式以及客制化产品等方式。

3个分类法让营收增长2倍

我请他用这个方法至少持续努力了6个月，即使当中没有出现任何成果，也要相信自己并坚持下去。结果在累积这些努力之后，终于在短短3年内让业绩急速增长了2倍以上。

但是，当我每次在演讲中介绍这个案例时，许多公司会出现如下反应：

“这是因为那家公司的员工都很优秀吧？”“这是因为那家公司还有多余资金可以打广告吧？”对于急速增长2倍以上的事实，似乎无法具体想象。

所以，我就用数字解说利用3个分类让营收倍增的构造。

假设客数是1000人（新客户）、客单价为1000日元（客单价）、购买次数为2次（回流率）时，营收就是200万日元。

如果各项目都能提高25%，营收就会达到400万日元。所以，采取了“花3年时间将各项目都提高25%”的策略，重新架构开展事业的方法。

提升营收策略的3个分类法

增加新客户策略	提高回流率策略	提高客单价策略
● 增加拜访客户的次数 ● 增加广告量为2倍	● 定期发送DM与刊登电子杂志 ● 举办料理教室 ● 与客户一起研发产品 ● 设立会员制	● 采取搭售方式 ● 导入客制化

订定数字目标重新架构开展事业的方法

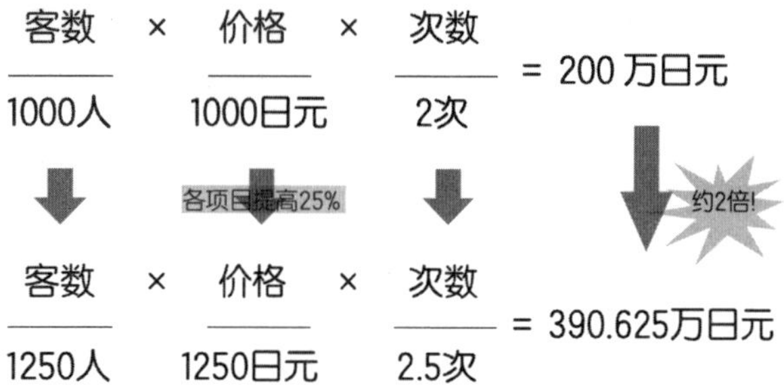

丢掉增加营收=开拓新客户的迷思

只要我用数字提出这番话，听众的表情就会立刻大变。

“对哦，只要花点时间慢慢将各项目提高25%就行了，我以前怎么会只顾着思考如何增加新客户啊！”

要提高2倍的营收时，若只想靠提高2倍新客户来达成，根本是不可能的事，这个道理成为那位社长重新整理头脑的转折点。

当然要将各项目慢慢提高25%，也绝非易事，只是太多人习惯将重点放在增加营收=开拓新客户上。

理由很多，例如，忘不了经济景气的时代，那种新客户不断增加的感觉或自己最擅长开拓新客户等，导致我有一位在经营餐饮店的朋友，忍不住哀叹："我也知道回流客很重要，但不设法增加新客户，心里就是会觉得不安……所以忍不住还是付了钱，在知名的美食网站上买广告。"

就理论来说，一般认为增加回流客的必要成本通常比增加新客户还低，不到1/5。

即使心里明知应该将力量灌注在增加新客户以外的地方，但情感上往往还是会不自觉地将重点放在增加新客户上。所以，虽然尝试过各种吸客方法，最后都没有太大的效果，只是徒增挫折感。

如果脑子里满满都是想做的事时，脑子里满满都是不做不行的事时，不妨先深呼吸一下，再重新从提高营收指针的分类作业开始。最重要的是先分解成3个指标，再慢慢设法将各项目提高25%。

你也来制作分类备忘纸看看吧！首先准备好备忘纸，再将备忘纸横放。接着在纸张上画2条直线，分类成3个区块，并依序从左边写下增加新客户数策略、提高回流率策略、提高客单价策略的分类内容。诀窍在于努力加强较弱的部分，以达到将各项目提高25%（刚开始也可以定为10%）的目标。

作业　为倍增营收，将新客户数、回流率、客单价做分类！

在头脑里进行分类时的提问

Q.将提高营收分类为新客户数、回流率、客单价时，会是什么内容？

Q.哪一点下的力道不足？

Q.目前应该对哪边采用减法？应专注在哪边？

增加新客户数策略	提高回流率策略	提高客单价策略
□	□	□
□	□	□
□	□	□

后记
爸爸为什么要工作？

在本书都还没有雏形的去年秋天，小孩突然这样问我，当时我虽然很想写书，但就是迟迟踏不出第一步。

“很难在本业之外找出时间来写……”“在这个时间点上写书，能有什么意义……”只要想到这些问题，头脑就很混乱，所以在无形中给自己的行动踩了刹车。

由于小孩那时还小，并不清楚工作的意义，会问我这个问题，背后应该没有太大的意思，或许只是因为我没有陪她玩，才会在我看起来很忙的时候，用这种方式对我表达她的不满。

尽管如此，这个问题还是萦绕在我脑海里，久久挥之不去。

当天晚上，我拿出备忘纸来，决定好好面对自己。

“我想写书是为了什么？”

我重新问自己这个问题。

并将自己的雄心壮志分类成“为了谁”和“为了什么”2个项目，然后一口气写完了备忘纸。

小孩今后会生存在越来越复杂的时代里，我想给她自力更生、靠自己生存下去的力量，我想将具有普遍性的思考工具——分类思考法写下来，留给小孩当作生存下去的武器。

在制作分类备忘纸的过程中，原本给自己行动踩刹车的那种紊乱思绪，一下就被整理干净了。

如果当时我无视小孩的提问，只是听听就过的话，或如果我没有具备分类思考能力的话，这本书就不会问世。

更重要的是，我也不可能因此和你结下这个缘分。

今后我仍会努力用单纯化思考来提供在复杂化社会里生存下去的力量，继续完成我的工作。

或许你今后仍会遇到一堆难题，因此疲惫不堪，甚至失去你的雄心壮志。

殷切期盼在这种时候，本书能发挥作用，助你一臂之力。

铃木进介